AIGC
自动化编程
基于ChatGPT和GitHub Copilot

李宁◎著

人民邮电出版社

北京

图书在版编目（CIP）数据

AIGC自动化编程 ：基于ChatGPT和GitHub Copilot / 李宁著. —— 北京 ：人民邮电出版社，2023.10
ISBN 978-7-115-62523-6

Ⅰ．①A… Ⅱ．①李… Ⅲ．①人工智能—程序设计
Ⅳ．①TP18

中国国家版本馆CIP数据核字(2023)第159711号

内 容 提 要

本书为读者提供了一次深入探索人工智能和自动化编程的奇妙之旅。全书从 AI（Artificial Intelligence，人工智能）的基本概念和背景入手，逐渐深入到如何使用具有代表性的 AIGC 工具——ChatGPT、GitHub Copilot 和 Claude2 等进行自动化编程。此外，本书还详细介绍了其他多种 AI 代码生成解决方案。针对桌面应用、Web 应用、游戏、办公自动化等场景，本书还提供了丰富的实例。

本书适合对 AI 和自动化编程感兴趣的初学者阅读，也适合有一定基础并且想要提高开发技能的程序员阅读。同时，本书也可以作为高校或培训机构的参考书。

◆ 著　　　　李 宁

责任编辑　谢晓芳

责任印制　王 郁　焦志炜

◆ 人民邮电出版社出版发行　　北京市丰台区成寿寺路 11 号

邮编　100164　电子邮件　315@ptpress.com.cn

网址　https://www.ptpress.com.cn

涿州市般润文化传播有限公司印刷

◆ 开本：800×1000　1/16

印张：15.5　　　　　　　　2023 年 10 月第 1 版

字数：352 千字　　　　　　2024 年 10 月河北第 6 次印刷

定价：79.80 元

读者服务热线：(010)81055410　印装质量热线：(010)81055316
反盗版热线：(010)81055315
广告经营许可证：京东市监广登字 20170147 号

对本书的赞誉

本书深入浅出地解读了人工智能在编程领域的强大潜力,为程序员和技术爱好者提供了宝贵的实践经验。通过详尽的分析和实例,本书展现了一个充满无限可能的技术未来。本书不仅是一本关于编程的书,还是一本探索如何更高效、更智能地编写代码的启示录。本书内容实用,对于每一位开发者来说都非常有价值,值得作为程序员的参考手册,强烈推荐!

——张荣超,OpenHarmony 技术指导委员会委员

本书是关于生成式人工智能技术的指南,深度解读 ChatGPT 和 GitHub Copilot。从 GPT 的发展历程到如何与 ChatGPT 交流,从 GitHub Copilot 的编码实战到如何使用 ChatGPT API,本书系统阐述了相关内容。无论你是初学者还是经验丰富的开发者,都能从中受益匪浅。书中关于使用 ChatGPT 进行项目开发、算法编写以及图像处理的内容为那些希望探索人工智能在实际应用中的无限可能性的读者提供了宝贵的参考。

——夏曹俊,南京捷帝科技有限公司创始人

本书不仅深入讲述了 ChatGPT 的核心功能,还系统讨论了 ChatGPT 在各个领域的影响和潜力,以及 OpenAI API 的应用和其他生成式人工智能产品,本书有助于读者迅速提高编程水平。

——唐佐林,开源鸿蒙 Py4OH 框架作者

从 GPT 的基础知识到如何与 ChatGPT 进行有效交流,再到基于 OpenAI API 的众多应用,本书深入探讨了 ChatGPT 及其生态圈的各个方面。另外,本书还介绍了其他生成式人工智能产品,展现了当前技术的前沿趋势。无论你是初学者还是有经验的开发人员,本书都有助于你提高自己的开发水平。

——李洋,深圳市蛟龙腾飞网络科技有限公司首席执行官与首席技术官

本书不仅讲解了 ChatGPT 的强大功能,还讲述了其他先进的生成式 AI 工具。无论你是新手还是专业人士,都能从本书中受益匪浅。

——连志安,江苏润和软件股份有限公司生态技术总监

前　　言

本书写作背景

随着人工智能技术的飞速进步，人工智能生成内容（Artificial Intelligence Generated Content，AIGC）技术已逐渐崭露头角。ChatGPT、New Bing、GitHub Copilot、Claude2 等大型模型工具的出现正在赋能各行各业，尤其在编程领域颇有用武之地。这些工具大大节省了程序员的编程时间，减轻了代码优化、测试和漏洞检查的压力，使他们更关注创新和价值创造的工作。本书旨在帮助读者深入探索和挖掘 ChatGPT 在编程应用中的潜力。

本书主要内容

本书涵盖了使用 ChatGPT 进行自动化编程的各个方面，主要内容如下。

第 1 章主要讲解了 ChatGPT 的基础知识，为读者顺利学习后面的知识打基础。

第 2 章介绍了用 GitHub Copilot 进行自动化编程的技术，主要包括安装和验证 GitHub Copilot、代码自动化、GitHub Copilot 在 Visual Studio Code 中的快捷键等。

第 3 章介绍了其他 AIGC 代码生成工具，如 New Bing、Bard、Claude、CodeGeeX、Amazon CodeWhisperer 等，让读者了解更多实用的工具。

第 4 章～第 8 章分别介绍了自动化编程实战案例，涉及桌面应用开发、Web 应用开发、游戏开发、办公自动化以及其他类型的程序开发等，通过对这些实战案例和技术的讲解，让读者达到学以致用的目标。

第 9 章介绍了 AIGC 的更多应用，涉及 ChatGPT Plus 插件、Code interpreter、Claude2 数据分析，以拓展读者使用 AIGC 解决问题的思路。

本书学习建议

现在 AIGC 技术刚刚起步，在未来很长一段时间，会不断有新的 AIGC 产品问世，读者可以本书为学习起点，逐步适应和熟练运用各种 AIGC 技术或工具。关于本书的学习，我们有以下几点建议。

- **逐步深入**。在本书中，我们从基础的 ChatGPT 入门知识开始，逐渐深入介绍了如何使用 GitHub Copilot 进行自动化编程，然后讲解了其他 AIGC 代码生成解决方案和实战应用。在阅读的过程中，读者可以先了解基础概念，然后逐步学习复杂的主题。
- **交叉学习**。各章之间有许多相似的内容，例如，ChatGPT 和 GitHub Copilot 的功能部分、Claude2 和其他 AIGC 代码生成解决方案等内容都有相似或互补之处。读者学习一个新工具时，可以试着将其与已学过的内容进行对比，以便提高学习效率。
- **广泛实践**。本书包含了大量的实战内容，涉及桌面应用、Web 应用、游戏开发和办公自动化等。读者在阅读这些内容后，尽量动手实践这些例子，通过实践加深理解并掌握这些知识。
- **积极探索**。AIGC 是一个新事物，在阅读本书的过程中，读者可能会遇到一些疑问，这是很正常的。当前解决这些疑问最好的办法就是利用 ChatGPT、GitHub Copilot、Claude2 等工具去积极探索，从而获得答案，这会使自己在实践中学到更多技术。

要下载本书配套的源代码，请关注"极客起源"公众号并输入"AI 编程"，或者在异步社区的本书页面中，输入本书第 87 页的配套资源验证码。

建议和反馈

由于作者能力有限，加之 AIGC 中自动化编程工具不断推陈出新，尽管笔者尽力写好每个章节，但书中难免有错误之处。笔者期待读者提出宝贵建议，以便不断完善本书。

如果读者对本书有任何建议，或者在学习中遇到问题，可以通过微信或邮箱联系笔者。笔者的微信号是 unitymarvel，邮箱是 unitymarvel520@gmail.com。

笔者期待着读者的反馈，与读者一起共同探索 AIGC 和自动化编程技术！

本书读者对象

本书从基础知识入手，介绍了使用 ChatGPT 等工具进行自动化编程的相关内容，适合对使用 ChatGPT 等工具进行编程感兴趣的初学者阅读；本书还介绍了使用 ChatGPT 等工具开发应用的示例，有一定编程基础的开发者也可以从中学到许多技术。

李宁

2023 年 7 月 20 日

服务与支持

提交勘误

　　作者和编辑尽最大努力来确保书中内容的准确性，但难免会存在疏漏。欢迎您将发现的问题反馈给我们，帮助我们提升图书的质量。

　　当您发现错误时，请登录异步社区（https://www.epubit.com），按书名搜索，进入本书页面，单击"发表勘误"，输入勘误信息，单击"提交勘误"按钮即可（见下图）。本书的作者和编辑会对您提交的相关信息进行审核，确认并接受后，您将获赠异步社区的 100 积分。积分可用于在异步社区兑换优惠券、样书或奖品。

与我们联系

　　我们的联系邮箱是 contact@epubit.com.cn。

　　如果您对本书有任何疑问或建议，请您发邮件给我们，并请在邮件标题中注明本书书名，以便我们更高效地做出反馈。

　　如果您有兴趣出版图书、录制教学视频，或者参与图书翻译、技术审校等工作，可以发邮件给我们。

　　如果您所在的学校、培训机构或企业，想批量购买本书或异步社区出版的其他图书，也可以发邮件给我们。

　　如果您在网上发现有针对异步社区出品图书的各种形式的盗版行为，包括对图书全部或部分内容的非授权传播，请您将怀疑有侵权行为的链接发邮件给我们。您的这一举动是对作者权益的保护，也是我们持续为您提供有价值的内容的动力之源。

关于异步社区和异步图书

"异步社区"（www.epubit.com）是由人民邮电出版社创办的 IT 专业图书社区，于 2015 年 8 月上线运营，致力于优质内容的出版和分享，为读者提供高品质的学习内容，为作译者提供专业的出版服务，实现作者与读者在线交流互动，以及传统出版与数字出版的融合发展。

"异步图书"是异步社区策划出版的精品 IT 图书的品牌，依托于人民邮电出版社在计算机图书领域几十年的发展与积淀。异步图书面向 IT 行业以及各行业使用 IT 的用户。

目　　录

第 1 章　跨越 ChatGPT 之门

　　ChatGPT 是 OpenAI 公司推出的一款基于 AI 的聊天机器人，而且是无所不能的聊天机器人，你可以问它任何问题，有问必答。甚至对一些非常专业的编程、数学和逻辑推理问题，大多数情况下 ChatGPT 的回复也是准确无误的。就因为这个特性，ChatGPT 迅速在全球引起了轰动，并在全球掀起了一场类 ChatGPT 产品的"军备竞赛"，从微软的 New Bing、Google 的 Bard 再到与 ChatGPT 同源的 Claude，以及百度的文心一言、阿里巴巴的通义大模型、腾讯的混元大模型、华为的盘古大模型等，各大厂商纷纷推出自己的大模型。我也试用了几个月 ChatGPT 以及其他大模型产品，用这些产品生成了超过 10 万行代码，以及数十万字的文章以及大量的图像、视频等，发现这些产品的确可以大幅度提升工作效率，而且成本低廉。所以我觉得非常有必要让广大的读者了解这些划时代产品的使用方法，因为它们真的很酷，并且只有用过，才能真正理解它们的酷！

　　尽管现在基于大模型的生成式 AI 产品非常多，但 ChatGPT 是到目前为止最强大的产品，所以本书主要以 ChatGPT 为例介绍生成式 AI 的各种炫酷的使用方法。而本章的目的就是将读者带进 ChatGPT 的大门，当你进入这扇大门时，就会感到登上了智慧殿堂，你会身处一个完全不同的世界！

1.1　初识 ChatGPT

　　本节会详细介绍 ChatGPT 和 GPT 的概念，以及它们的关系。同时，本节还会详细介绍 GPT 的发展历程，以便让读者了解 GPT 的前世今生。另外，本节还会介绍 ChatGPT 的优点和缺点，以及 ChatGPT 对人类发展的重要性。

1.1.1 什么是 ChatGPT 和 GPT

ChatGPT 是由 OpenAI 开发的一款大型语言生成模型，基于 OpenAI 的 GPT（Generative Pre-trained Transformer）架构。GPT 是一种深度学习模型，利用 Transformer[①]结构来生成和理解人类语言。GPT 是一种预训练生成型转换器模型，主要用于自然语言处理（Natural Language Processing，NLP）任务，包括文本生成、机器翻译、问答系统、图像处理、编写代码、数学计算、逻辑处理等。

ChatGPT 与 GPT 的区别如下。

- ChatGPT 是专门为会话任务设计的，而 GPT 是一个更通用的模型，可用于广泛的语言处理任务。
- ChatGPT 基于 GPT 的基础模型框架（如 GPT-3.5 或 GPT-4），但在训练过程中使用了真实的对话数据和人类反馈的强化学习。
- 与 GPT 相比，ChatGPT 可能接受的数据量较少，这可能会对其生成多样化和细微差别响应的能力产生一定影响。

注意，ChatGPT 在训练过程中会专注于对话任务，但其实际应用仍可以涵盖其他领域，如文本摘要、翻译、图像处理等。此外，具体使用的 GPT 版本可能会根据实际情况而有所不同。

1.1.2 GPT 的发展历程

GPT 到现在已经发展到 GPT-4。本节介绍 GPT 的发展历程。

2015 年 12 月，OpenAI 成立，探索大模型路线。

2017 年 6 月，Google 在论文 "Attention Is All You Need" 中提出一种基于 Attention 机制的新型神经网络结构 Transformer。GPT 通过 Transformer 理解人类语言。

2018 年 6 月，OpenAI 发布 GPT-1，GPT-1 有 1.17 亿参数，是第 1 个基于 Transformer 的预训练语言模型。

2019 年 2 月，OpenAI 发布 GPT-2，GPT-2 有 15 亿参数，是 GPT-1 的扩展版本，具有更强的生成能力和泛化能力。

2020 年 6 月，OpenAI 发布 GPT-3，GPT-3 有 1750 亿参数，是到 2020 年 6 月为止最大的预训练语言模型，可用于多种语言的相关任务。GPT-3 能够在很多任务上达到令人惊叹的性能，仅仅通过调整输入数据，而不需要进行任何任务特定的微调，就可以广泛应用于聊天机器人、代码生成、创意写作等领域。

---

① Transformer 是一种用于处理序列数据的深度学习模型架构，广泛应用于自然语言处理任务（特别是机器翻译和文本生成等任务）中。

2022 年 3 月，OpenAI 发布 GPT-3.5，GPT-3.5 是 GPT-3 的一个更新版本，参数量也是 1750 亿，但增加了编辑和插入的能力。

2023 年 3 月 1 日，OpenAI 发布了 GPT-3.5-Turbo，GPT-3.5-Turbo 是 GPT-3.5 的一个改进版本，参数量没有公开，但优化了对话和函数调用的数据。

2023 年 3 月 14 日，OpenAI 发布了 GPT-4，GPT-4 是目前最强大的预训练语言模型，参数量没有公开，但可以肯定，GPT-4 的参数量会超过 GPT-3.5 的，可能会达到上万亿。

1.1.3　ChatGPT 和 ChatGPT Plus 有何区别

ChatGPT 是基于 GPT-3.5 的，是免费版本。如果申请了 OpenAI 账号，登录 OpenAI 网站后，就可以使用基于 GPT-3.5 模型的 ChatGPT。而 ChatGPT Plus 是 ChatGPT 的付费版本，目前费用为每个月 20 美元。ChatGPT 与 ChatGPT Plus 的主要区别如下。

- ChatGPT Plus 的响应速度要比 ChatGPT 快，OpenAI 的计算资源会优先满足 ChatGPT Plus 付费用户。
- ChatGPT 只能使用 GPT-3.5，而 ChatGPT Plus 的用户可以选择使用 GPT-3.5 或 GPT-4，不过由于最近 OpenAI 的计算资源紧张以及 GPT-4 会消耗大量的资源，因此对 GPT-4 的消息数量做了限制，目前是每 3 小时可以发 25 条消息，如果超过了 25 条消息，就要等 3 小时以后再发送消息。所以目前每天最多可以用 GPT-4 发送 200 条消息。
- ChatGPT Plus 可以使用 OpenAI 以及第三方开发者提供了大量插件（目前应该有几百个），这些插件可以让 ChatGPT Plus 更强大。用户也可以自己开发插件，并上传到 Plugin Store。
- 开通 ChatGPT Plus 后，可以直接在 ChatGPT API 中使用 GPT-4 等模型，让生成的内容更精准。
- ChatGPT Plus 更适合企业级应用、专业人士和教育领域等场景。

1.1.4　ChatGPT 的优点和缺点

尽管 ChatGPT 的功能非常强大，看似无所不能，但是 ChatGPT 毕竟只是基于很多算法和数据并运行在强大 GPU 上的大量代码而已。ChatGPT 甚至并不智能，其实 ChatGPT 根本不知道自己做了什么。ChatGPT 的基本原理就是利用大量的数据以及神经网络，以及千亿规模的参数的微调，计算要产生的每一个字符到底是什么。也就是说，ChatGPT 顶多算人工智算[1]，而

---

[1]　人工智算：通过人类的智慧编写算法，让计算机去计算大量的数据，ChatGPT 主要包括了调整神经网络中千亿级别的参数。

不是人工智能。尽管 ChatGPT 并没有真正的智慧，但是 ChatGPT 仍然能帮人类不少忙。虽然不能完全取代人类，但是 ChatGPT 至少可以大幅度提高人类的工作效率，或者说，做同样的工作，不再需要那么多人了。

本节讨论 ChatGPT 的优点和缺点。

ChatGPT 的优点如下。

- 擅长语言理解和推理：ChatGPT 可以用多种语言和用户进行对话，它可以在一定程度上理解用户的意图、情感、语境和需求，也可以进行一些基本的推理和判断，例如回答一些常识性的问题，或者根据用户的喜好和兴趣提供一些建议或选择。

- 擅长文本生成：ChatGPT 可以生成各种类型和风格的文本，如诗歌、故事、歌词、笑话、新闻、摘要、评论等。它可以根据用户的输入或要求来生成相关的内容，也可以自己创造一些有趣或有意义的内容。它还可以模仿一些名人或角色的语言风格，例如写一首莎士比亚风格的诗。

- 擅长文本分析：ChatGPT 可以对文本进行分析和评价，例如检查文本的语法、拼写、逻辑、情感等，也可以给文本打分或提供反馈。它还可以帮助用户改写、优化或完善他们的文本，例如用更简洁或更有力的词语或者用更合适或更有趣的方式来表达。

- 擅长文本翻译：ChatGPT 可以对文本进行翻译，它可以支持多种语言之间的互译，也可以根据用户的要求来调整翻译的质量或风格。它还可以对一些特殊的语言或方言进行翻译，例如翻译韩国流行语。

- 擅长编写代码：ChatGPT 可以编写各种编程语言（例如 Python、Java、C++等）的代码。它可以根据用户的描述或需求来生成相应的代码，也可以对用户的代码进行检查、修改或优化。它还可以帮助用户学习编程，例如解释一些编程概念或术语，或者提供一些编程练习或挑战。

- 其他：当然，ChatGPT 还擅长更多的工作，包括出题、拼写检查、写作文、逻辑推理、制订旅游计划、探讨哲学问题等。

ChatGPT 的缺点如下。

- 数据陈旧：ChatGPT 的数据不是最新的。所以，ChatGPT 可能无法处理一些最新的话题或信息。不过，ChatGPT 可以采用一些补救措施，例如，可以通过网上搜索来获取更新的数据，或者让用户提供一些示例来帮助自己理解。

- 可能产生不准确的内容：这是因为 ChatGPT 是一个生成式的模型，它会根据输入和概率来生成输出，而不是从事实或逻辑出发。所以，它可能会产生一些错误或不合理的内容，尤其是在一些需要专业知识或常识的领域，有时还会一本正经地胡说八道，甚至还强词夺理。不过，当用户指出错误并提供反馈时，ChatGPT 可能会改正自己的看法。

- 只能处理文本信息：这是因为 ChatGPT 是一个语言模型，它只能理解和生成文本，而不能处理图像、音频、视频等其他类型的信息（如果要处理文本以外的信息，需要将 ChatGPT 与其他技术结合才可以）。所以，它可能无法回答一些需要视觉或听觉能力的问题，或者生成一些需要多媒体的内容。不过，ChatGPT 可以通过生成图像查询来调用图像生成器以创建图像，或者通过描述声音或视频来尝试表达它们。
- 智力有限：尽管 GPT-4 拥有千亿级别的参数，而且 ChatGPT 拥有大量知识，但是理解能力和思维推理有限，无法处理复杂的逻辑或数学问题，甚至有些对人类来说很简单的问题，ChatGPT 也无法处理。然而，在多个会话里重复发一个无法处理的问题，ChatGPT 有可能会回复正确的结果。
- 无法保证回复的唯一性：使用过 ChatGPT 的读者都会发现一个问题，就是同一个问题，在不同的会话中，甚至在同一个会话中重复发送，得到的回答并不完全相同，甚至得到的结论完全相反。所以使用 ChatGPT 的读者并不能完全相信 ChatGPT 的回复，尤其是在得到对非常重要的问题的回复时，一定要多方面验证。可以让 ChatGPT 在多个会话中多次回复同一个问题，如果得到的答案是类似的，就说明得到的回复基本是准确的。也可以使用 New Bing、Bard、Claude 等同类型的生成式 AI 进行交叉验证，如果得到的回复都差不多，说明 ChatGPT 的回复基本是准确的。总之，使用 ChatGPT 的人自身的能力一定要比较强，不能盲目相信 ChatGPT。
- 缺乏共同体验：ChatGPT 不能完全理解人类的主观体验和情感，很难在这方面与人真正产生共鸣。
- 有偏见：根据训练数据，ChatGPT 可能产生种族、性别等方面的偏见和不公平的语言表达。
- 易被误导：恶意用户可以通过欺骗性提问误导 ChatGPT，产生错误或有害的言论。
- 难以保密：ChatGPT 利用了互联网上的大量数据，这可能导致用户隐私和保密数据的泄露。你提的问题可能就被 ChatGPT 当作数据来训练模型了，所以如果这些问题包含敏感信息，就很危险。因此，使用 ChatGPT 有风险，提问需谨慎。

1.1.5 ChatGPT 赋能千行百业，世界将从此改变

在人工智能的发展过程中，OpenAI 的 ChatGPT 无疑是一个重要的里程碑。作为一种大型语言模型，ChatGPT 已经在许多领域中展示了其强大的能力，从而改变了我们的世界。以下是 ChatGPT 的一些具体的应用领域。

- 教育：ChatGPT 已经在教育领域中发挥了重要的作用。例如，它可以作为一个个性化的学习助手，帮助学生理解复杂的概念，提供作业帮助，甚至进行模拟考试。在这个过程中，ChatGPT 可以根据学生的学习进度和理解能力进行个性化的调整，从而提供

更有效的学习体验。

- 医疗咨询：ChatGPT 也可以作为一个医疗咨询工具，提供初步的医疗建议。例如，用户可以向 ChatGPT 描述他们的症状，然后 ChatGPT 可以提供可能的疾病诊断和治疗建议。虽然 ChatGPT 不能替代医生的专业建议，但是它可以作为一个初步的参考工具，帮助用户更好地了解他们的健康状况。

- 创作：对于作家和艺术家来说，ChatGPT 可以作为一个创作助手，提供创作灵感和建议。例如，作家可以向 ChatGPT 描述他们的故事想法，然后 ChatGPT 可以提供可能的情节发展和角色设定。艺术家也可以利用 ChatGPT 来生成关于艺术作品的新想法。

- 客户服务：许多公司已经开始使用 ChatGPT 作为他们的客户服务代表。ChatGPT 可以处理大量的客户咨询，提供即时的回答，从而提高客户满意度和效率。

- 新闻和媒体：ChatGPT 也可以用于新闻和媒体领域，例如，生成新闻摘要，提供新闻评论，甚至自动写作新闻报道。

- 娱乐：ChatGPT 可以作为一个创意伙伴，为用户提供各种创作灵感，如写诗、写歌、写故事、画画等。ChatGPT 可以作为一个游戏伙伴，与用户玩各种文字游戏，如猜谜、接龙、填词等。ChatGPT 可以作为一个笑话伙伴，向用户分享各种幽默的笑话。

- 商业：ChatGPT 可以作为一个营销伙伴，为用户提供各种营销策略和建议，如写广告、写文案、写口号等。ChatGPT 可以作为一个客服伙伴，为用户提供各种客服服务和解决方案，如回答常见问题、处理投诉、推荐产品等。ChatGPT 可以作为一个分析伙伴，为用户提供各种数据分析和报告，如统计销量、预测趋势、评估效果等。

- 生活：ChatGPT 可以作为一个生活伙伴，为用户提供各种生活建议，如做菜、健身、旅行等方面的建议。ChatGPT 可以作为一个心理伙伴，为用户提供各种心理支持和安慰，如倾听、开导、鼓励等。ChatGPT 可以作为一个兴趣伙伴，向用户分享各种兴趣爱好和文化产品，如音乐、电影、书籍等。

- 制造：ChatGPT 可以与机器人结合，实现自动化生产。例如，ChatGPT 可以根据生产需求生成生产计划，然后指导机器人执行这些计划。这种结合可以大大提高生产效率，减少人工错误，同时也可以在一定程度上取代普通工人。

- 物流和配送：ChatGPT 可以与无人驾驶车辆或无人机结合，实现自动化配送。例如，ChatGPT 可以根据配送需求生成配送路线，然后指导无人驾驶车辆或无人机按照这些路线执行配送。这种结合可以大大提高配送效率，减少配送错误，同时也可以在一定程度上取代普通配送员。

- 编程：ChatGPT 的应用已经开始改变程序员的工作方式。ChatGPT 可以理解和生成人类语言，这使它可以在编程领域中发挥多重作用。ChatGPT 可以在多个方面辅助程序员完成自己的工作，包括代码生成、代码审查、代码转换、文档生成、添加注释、问题解答等。

- 阅读论文：ChatGPT 可以帮助理解论文的内容、方法、结论等，也可以根据论文生成摘要、评论、问题等。另外，ChatGPT 还可以根据输入的主题或关键词自动搜索相关论文，并给出简要介绍。

以上只是 ChatGPT 可以与之结合的一部分领域，ChatGPT 从理论上可以为几乎所有领域赋能，大幅度提高这些领域中从业者的工作效率，甚至在部分领域中可以完全取代从业者。因此，现在，我们每个人所面临的问题不是接受不接受 ChatGPT 的问题，而是什么时候，以怎样的方式接受 ChatGPT。

在未来，一切没有高度智能化的行业将受到严重的影响。在未来，所有类似于 ChatGPT 这样可以大幅度提高生产率的软件、硬件以及任何其他技术都将受到追捧。为了尽可能增强自己的能力，对于像 ChatGPT 这样的工具，读者越早掌握、越熟练越好。

1.2　注册和登录 ChatGPT

第一次使用 ChatGPT，需要通过 OpenAI 网站注册 ChatGPT 账户。ChatGPT 的欢迎页面如图 1-1 所示。

单击 Sign up 按钮，进入注册页面，如图 1-2 所示。在 Email address 文本框中，输入 Email，或使用 Gmail、微软账户或苹果账户进行注册，推荐使用 Gmail。

创建账户后，单击 Continue 按钮，在显示的页面中，输入姓名和生日，如图 1-3 所示。

图 1-1　ChatGPT 的欢迎页面

图 1-2　ChatGPT 的注册页面

图 1-3　输入姓名和生日

单击 Continue 按钮，进入下一个页面，如图 1-4 所示。在该页面中，输入一个接收验证码的手机号，输入完，单击 Send code 按钮，进入下一个页面。

如果手机成功接收到短信，那么在图 1-5 所示的页面中输入 6 位验证码。

图 1-4　输入手机号

图 1-5　输入验证码

如果验证码通过，就会直接进入 ChatGPT 的聊天页面，如图 1-6 所示。

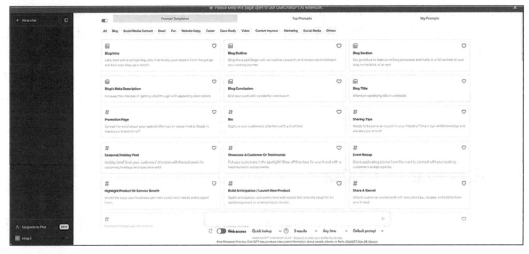

图 1-6　ChatGPT 的聊天页面

现在可以和 ChatGPT 打招呼了，如图 1-7 所示。

图 1-7　和 ChatGPT 打招呼

到现在为止，我们已经完成了 ChatGPT 的注册，下一次再使用 ChatGPT 时，除非清空浏览器的 Cookie 或退出 ChatGPT 账户，否则会直接接入图 1-6 所示的聊天页面。

1.3　升级为 ChatGPT Plus 账户

尽管 ChatGPT 免费账户没有任何使用限制，但是其回复比较慢，而且不能使用 GPT-4，所以其回复的准确性一般。如果读者希望 ChatGPT 快速回复或者想深度使用 ChatGPT，那么建议升级为 ChatGPT Plus 账户，费用是每个月 20 美元。

升级为 ChatGPT Plus 账户的步骤如下。

首先，在 ChatGPT 页面中，单击左下角的 Upgrade to Plus 图标，如图 1-8 所示。随后会显示图 1-9 所示的 Your plan 页面。

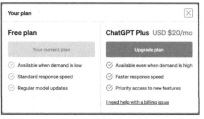

图 1-8　单击左下角的 Upgrade to Plus 图标　　　　　图 1-9　Your Plan 页面

然后，单击 Your plan 页面中的 Upgrade plan 按钮，进入图 1-10 所示的订购页面。

输入信用卡信息后，单击"订阅"按钮，如果信用卡信息是正确的，就会成功订阅 ChatGPT Plus 服务。成功订阅 ChatGPT Plus 服务后的页面如图 1-11 所示。

图 1-10　订购页面　　　　　　　图 1-11　成功订阅 ChatGPT Plus 服务后的页面

在图 1-10 所示的页面右侧，有一个"取消方案"按钮，如果想取消订阅，单击该按钮即可。如果成功取消订阅，在当前续费周期结束之前，仍然可以继续使用 ChatGPT Plus。只是在下一个续费周期将不会再从信用卡扣钱了，并自动降级为 ChatGPT 免费用户。

取消订阅后，"取消方案"按钮就变成"更新方案"，单击该按钮，就会进入"更新您的方案"页面，如图 1-12 所示，单击"续订方案"按钮，就会恢复订阅。但要注意，恢复订阅后，开始时间并不是从恢复订阅的那天算的，而是按订阅周期算的。例如，ChatGPT Plus 账号的某一个使用续费周期是 2023 年 6 月 24 日到 2023 年 7 月 23 日，如果在 2023 年 7 月 23 日取消订阅，在 2023 年 8 月 20 日恢复订阅，那么你的 ChatGPT Plus 账户使用时间是 2023 年 7 月 24 日到 2023 年 8 月 23 日，而不是 2023 年 8 月 20 到 2023 年 9 月 19 日。因此，在 2023 年 8 月 20 日恢复订阅，只有 4 天的使用时间（需要支付 20 美元），尽管在 2023 年 7 月 24 日到 2023 年 8 月 20 日期间未订阅 ChatGPT Plus 服务，但仍然算在续费周期里。这样做估计是为了防止用户频繁取消和续订。所以恢复订阅的最佳时间是在上一个续费周期结束后的第 1 天，也就是每个月的 24 日。

成功升级 ChatGPT Plus 账户后，在 ChatGPT 聊天页面上方会出现图 1-13 所示的选项，用户可以选择 GPT-3.5 或 GPT-4。不过目前 GPT-4 限制每 3 小时只能发送 25 条消息，所以如果想大量发消息，可以使用 GPT-3.5，ChatGPT Plus 中 GPT-3.5 的响应速度要比免费版 ChatGPT 中 GPT-3.5 的响应速度快得多。

图 1-12　"更新您的方案"页面

图 1-13　选择 GPT-3.5 或 GPT-4

注意： 在注册和使用 ChatGPT，以及升级到 ChatGPT Plus 账户的过程中，可能会涉及 IP 地址、电话号、信用卡等问题，要了解更详细的解决方案，可以查看本书配套的操作文档。

1.4　与 ChatGPT 的第一次交流

在登录 ChatGPT 后，就可以与 ChatGPT 进行会话了。如果升级到 ChatGPT Plus，那么可以选择使用 GPT-3.5 或 GPT-4。在本节中，我们选择 GPT-3.5，然后问 ChatGPT 一个问题：

请解释一下 ChatGPT 和 GPT 的区别。

等待很短的时间（通常 1～2s），ChatGPT 就会给出图 1-14 所示的回复，如果想重新得到回复，或者觉得 ChatGPT 的回答不够准确，可以单击下面的 Regenerate response 按钮让 ChatGPT 重新回答你的问题。但要注意，ChatGPT 对于同一个问题的每一次回答都是不同的，甚至差别很大，如果不满意 ChatGPT 的回答，可以不断单击 Regenerate response 按钮，让 ChatGPT 多次回答你的问题，直到满意为止。

要在消息输入框中换行，按 Shift + Enter 组合键。

要修改原来的问题，单击问题右侧的按钮（把鼠标指针放到问题上，该按钮会自动显示；把鼠标指针移开，按钮就会消失），如图 1-15 所示。在编辑完问题后，单击 Save & Submit 按钮，保存并提交修改。

图 1-14　ChatGPT 回答问题

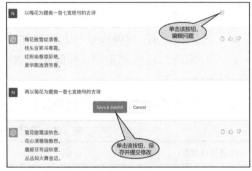

图 1-15　修改问题，保存并提交修改

如果想开启新会话，可以单击 ChatGPT 聊天页面左上角的 New chat 按钮，就会开启一个新会话。在同一个会话中，ChatGPT 会记住上下文，也就是说，在同一个会话中，你可以提出类似于下面的问题。

请阅读前面我给出的两段文章，并给出中心思想。

1.5　如何向 ChatGPT 提问

本节主要介绍了向 ChatGPT 提问的各种原则和技巧。掌握这些内容，有助于读者更好地向 ChatGPT 提问，真正做到能问、会问、巧问。

1.5.1　设计问题的原则

尽管可以向 ChatGPT 提任何问题，但是为了让 ChatGPT 给我们尽可能准确的回答，如何提问是关键。所以在提问之前，通常需要设计好要问的问题。下面是设计问题的一些原则，如果按这些原则设计问题，那么 ChatGPT 的回答会令你更加满意。

- 清晰明了：提问应该清晰、简洁、完整，避免模糊、冗长、不完整的问题，让 ChatGPT 能够准确理解你想要的信息。
- 符合语法规则：提问应该符合语法规则，避免错别字、标点符号错误等。
- 简洁扼要：避免使用过于冗长或复杂的提示词，以免引起混淆或让 ChatGPT 产生困惑。
- 具体明确：尽量提供明确的关键词或上下文，使 ChatGPT 能够给出更准确的回答或建议。
- 避免二义性：避免使用模糊或多义的词语，以免引起误解或产生不准确的回答。
- 没有假设性信息：尽量避免在提示词中包含关于 ChatGPT 的假设性信息，以免引导 ChatGPT 朝错误的方向思考。
- 尊重能力和限制：提问应该考虑 ChatGPT 的知识范围和安全规则，避免提出超出其能力或违反其原则的问题。
- 考虑上下文：提问应该与之前的对话有关联，避免提出与当前话题无关或不一致的问题。
- 有明确的目的和期望：提问应该有一个清晰的目标或需求，避免提出无意义或无用的问题。

表 1-1 列举了这些原则的正例和反例。

表 1-1　设计问题原则的正例和反例

问题设计原则	正例	反例
清晰明了	你是如何学习人类的语言的	你怎么会说话
符合语法规则	你能写一首关于春天的诗吗	你能写一首春天的诗吗
简洁扼要	最佳旅游目的地是什么	我正在计划一次度假，我想知道最受欢迎的旅游目的地，最好是海滩或山脉地区，具有丰富的自然景观和文化遗产
具体明确	巴黎著名景点有哪些	我想了解法国的旅游景点
避免二义性	如何修剪玫瑰花丛	如何处理花园中的植物
没有假设性信息	请提供香蕉面包的食谱	我知道你最喜欢吃香蕉面包，所以请分享一个简单易做的食谱
尊重能力和限制	你能告诉我美国的首都是哪个城市吗	你能告诉我下一期彩票的中奖号码吗
考虑上下文	你觉得这首诗写得怎么样	你喜欢吃什么水果
有明确的目的和期望	你能帮我改进这段代码吗	你能说点什么吗

1.5.2 设计问题的常用技巧

在设计问题时，除尽可能遵循 1.5.1 节给出的原则外，还可以使用本节介绍的一些技巧来优化对问题的描述。

1. 使用特殊符号分隔指令和问题

在发送给ChatGPT的消息中使用特殊符号来明确指示ChatGPT的行为或区分指令与问题。这可以帮助 ChatGPT 更好地理解你的意图，并提供更准确的回答。

示例如下。

请将冒号后面的文字翻译成英文：

开放源代码是指软件或计算机程序的源代码是公开可获取的，并且遵循开放的许可证，允许用户自由查看、使用、修改和分发源代码的一种软件模式。这意味着任何人都可以访问、研究、学习、修改和分享软件的源代码。

Open source refers to a software or computer program where the source code is publicly available and follows an open license, allowing users to freely view, use, modify, and distribute the source code. This means that anyone can access, study, learn, modify, and share the source code of the software.

在这个示例中，通过冒号（：）分隔了指令和问题。

2. 提供背景信息

如果问题涉及一个特定的背景或环境，提供这些信息有助于得到更相关的答案。

示例如下。

我是一名大学生，刚刚开始学习投资。我想要投资一些低风险的资产。您能给我一些建议吗？

当你刚开始学习投资并寻找低风险资产时，以下是一些建议。

1．低风险：通常与较稳定的回报相关，但也意味着潜在的回报相对较低。低风险投资通常更适合长期投资目标和保值。

2．存款和储蓄账户：将一部分资金存入银行储蓄账户或定期存款中是一种低风险的方式。虽然回报相对较低，但资金相对安全，并且容易提取。

3．政府债券：通常是相对较低风险的投资工具。它们是政府发行的债务工具，承诺在特定期限内支付利息和本金。政府债券的回报通常较稳定，但可能较低。

4．蓝筹股：具有较高市值和较稳定业绩的大型公司股票。这些公司在经济周期中通常表现稳定，因此是相对较低风险的股票投资选择。

请记住，投资涉及风险，即使是低风险资产也不是完全没有风险。在做出任何投资决策之前，建议你进一步学习投资知识、评估自己的风险承受能力并向专业的金融顾问咨询。

3. 提供示例

在问题中提供示例，以帮助 ChatGPT 更好地理解你的需求或期望的回答。这可以为 ChatGPT 提供更具体的指引，并减少歧义。

示例如下。

请列举一些健康的早餐选项，例如水果沙拉或燕麦粥。

当谈到健康早餐选择时，以下是一些选项。

1．水果沙拉：可以选择新鲜的水果，如香蕉、苹果、葡萄、草莓等，切成块状并混合在一起。可以加入一些天然酸奶或蜂蜜来增添口感。

2．燕麦粥：燕麦是一种富含纤维和营养的谷物，在做燕麦粥时，你可以选择燕麦片，并根据自己的口味加入牛奶或水并煮熟。可以配上新鲜水果、坚果或蜂蜜来增加口味。

3．全麦面包配鸡蛋：选择全麦面包作为早餐的基础，搭配煮鸡蛋、水煮蔬菜或新鲜蔬菜，以提供蛋白质、纤维和维生素。

4．蔬菜鸡蛋卷：将蔬菜如菠菜、洋葱、彩椒等与鸡蛋混合煎熟，然后将其卷入全麦薄饼或饼干中。这是一种高蛋白、低碳水化合物的选择。

这些是一些健康的早餐选项，但具体的选择取决于个人口味、膳食需求和偏好。确保早餐包含蛋白质、纤维、健康的碳水化合物和一些健康的脂肪，以保持能量和营养的平衡。

在这个示例中，通过列举具体的早餐选项示例，帮助 ChatGPT 明确你对于健康早餐的需求，并给出相关的建议。

4. 设定情境

构建一个情境，让 GPT 在这个情境中回答问题。这不仅包括角色扮演，还可以包括设置一个故事情境或假设情况。

假设我是一名古代的罗马工程师，我想要设计一个水道。你能告诉我应该考虑哪些因素吗？

作为一名古代的罗马工程师设计水道时，以下是你应该考虑的因素。

1．水源：选择可靠且充足的水源非常重要。考虑附近的河流、湖泊或地下水源，并确保水源的稳定性和可持续性。

2．地形和地势：研究周围地形和地势，以确定水道的最佳路线。考虑山地、平原、山谷等地形特点，以及水道在不同高度之间的水流情况。

3．距离和导向：确定水道的目标位置和所需的距离。考虑水道的导向，以确保水可以有效地流向需要的地方，例如城市、农田或公共设施。

4．土壤和地质条件：研究土壤类型和地质条件，以确保水道的稳定性和耐久性。某些土壤类型可能需要额外的加固措施，以避免渗漏和坍塌。

5．坡度和水流速度：确定水道的适当坡度和水流速度，以确保水可以顺利流动而不受阻塞。过高或过低的坡度都可能导致问题，因此需要进行合适的工程设计。

6．安全和保护：考虑水道的安全和保护措施，以避免外部干扰和水源污染。可能需要采取措施来保护水道免受侵蚀、破坏或非法倾倒废物。

7．维护和清洁：设计水道时要考虑清洁和维护的便利性。确保水道中有适当的出口和入口，以便清理和维修。

8．资源和预算：评估可用的资源和预算，以确定设计方案的可行性和实施性。确保设计在可接受的成本范围内，并能够充分利用可用的资源。

这些因素只是设计水道时需要考虑的一些重要方面。作为工程师，你需要进行详细的研究和分析，并与团队合作，确保设计出安全、可持续且有效的水道系统。

5. 按步骤提问

对于复杂的话题或问题，将它分解成几个步骤，然后逐一提问，这样可以更有效地获得您需要的信息。

> 步骤 1：能简单介绍一下量子计算是什么吗？
> 步骤 2：量子计算与经典计算有什么区别？
> 步骤 3：量子计算在未来有什么潜在应用？
> 步骤 1：量子计算是一种基于量子力学原理的计算方法，利用量子位（qubit）作为计算的基本单位。与经典计算使用比特（bit）表示 0 和 1 的状态不同，量子位可以同时处于多个状态的叠加，并且可以通过量子纠缠进行相互作用。量子计算利用这些量子特性，以更高效的方式解决某些计算问题。
> 步骤 2：量子计算与经典计算有几个重要区别。首先，经典计算使用比特表示数据，每个比特只能处于 0 或 1 的状态，而量子计算使用量子位，它可以同时处于 0 和 1 的叠加态。其次，量子计算中的量子纠缠是一个关键概念，它使多个量子位之间可以建立相互关联，这种关联不受距离限制。最后，量子计算中的量子门操作与经典计算中的逻辑门操作不同，可以同时作用于多个量子位，以实现并行计算的优势。
> 步骤 3：量子计算在未来有许多潜在应用。其中一些包括优化问题求解、分子模拟、机器学习、密码学、量子仿真等。
> 这些潜在应用需要进一步研究和发展，目前仍处于早期阶段。随着技术的进步和量子计算能力的提升，预计量子计算将在许多领域带来突破和创新。

1.6 OpenAI API

除直接在聊天界面中提问 ChatGPT，还可以通过 OpenAI API 使用 ChatGPT，只不过 OpenAI API 是按使用量收费的。根据使用的模型，收费也不同。读者可以通过 OpenAI 网站了解具体的收费规则。

OpenAI API 里面的使用量就是指 token[①]的消耗量，包括输入 token 消耗量和输出 token 消耗量。前者是指向 ChatGPT 提的问题消耗的 token 数，后者是指 ChatGPT 的回复消耗的 token 数。如果选择了 gpt-3.5-turbo 模型，1000 个输入 token 需要 0.0015 美元，1000 个输出 token 需要 0.002 美元。如果选择了 GPT-4 模型，那么要贵得多（因为消耗的计算资源更大），1000 个输入 token 需要 0.03 美元，1000 个输出 tokens 需要 0.06 美元。所以选择模型要谨慎，否则你充的钱很快就会被用光。

在注册 ChatGPT 账号后，你的账号上会有 5 美元余额，作为测试 OpenAI API 的费用，不过这 5 美元不是永久的，有效期是 4 个月左右，不用就作废了。如果想长久使用 OpenAI API，

---

① token 是用于自然语言处理的词的片段，它是生成文本的基本单位。不同的语言和分词方式可能会导致 token 和字符的映射关系不同。一般来说，英文中一个 token 对应大约 4 个字符，而中文中一个汉字大致对应 2~2.5 个 token。例如，英文单词 red 是一个 token，对应 3 个字符；中文词语"一心一意"是 4 个汉字，对应 6 个 token。

需要先用账号登录 OpenAI 官网，找到 OpenAI API 的账单信息。

　　然后，单击 Set up paid account 按钮，会弹出图 1-16 所示的页面，输入信用卡信息，绑定即可。如果成功绑定信用卡，使用 OpenAI API 时，在每个自然月结束后，会自动从信用卡中扣除 OpenAI API 消耗的费用。

　　使用 ChatGPT API 之前，要先获得 API Key。API Key 是一个以 sk 为前缀的字符串。读者可以从 OpenAI 网站申请 API Key。当然，首先要有一个 ChatGPT 账号。

　　进入 OpenAI 网站的 API keys 申请页面后，单击 Create new secret key 按钮，可以申请任意多个 API Key，如图 1-17 所示。

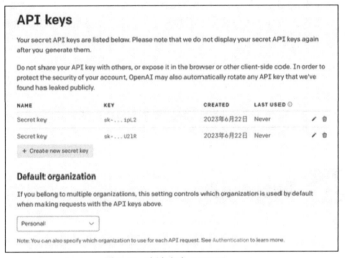

图 1-16　绑定信用卡　　　　　　　　　　图 1-17　申请多个 API Key

　　申请完 API Key 后，用 API Key 设置 openai.api_key。API Key 不要泄露给别人，否则任何人都可以使用你的 API Key。另外，使用 ChatGPT API 是需要花钱的，费用在前面已经介绍了，所以别人得到了你的 API Key，就相当于使用了你自己的钱。当然，万一泄露了 API Key 也不要紧，只需要删除旧的 API Key，创建新的 API Key 即可，这样旧的 API Key 就作废了。

　　如果读者要利用 ChatGPT API 开发应用，建议自己创建一个服务器端程序，再将 ChatGPT API 包装一层，将 API Key 放到服务器端，这样别人就很难拿到你的 API Key 了。

　　OpenAI API 支持使用多种语言开发，并为这些语言提供了相应的库。其中包括 Python、Java、JavaScript、Go、C++、Rust 等。有的库是 OpenAI 官方提供的，有的库是第三方开发的。本节会使用 Python 语言演示如何使用 OpenAI API 提问并接收和输出回复。

　　调用 OpenAI API 需要使用 openai 模块，首先，使用下面的命令安装该模块。

```
pip3 install openai
```

然后使用下面的代码向 ChatGPT 发送问题，并接收、输出回复以及消耗的 token 数。

```python
import openai
openai.api_key = "这里应该填写 API Key"
# 向 ChatGPT 发送请求
response = openai.ChatCompletion.create(
    model="gpt-3.5-turbo",    # 选择了 gpt-3.5-turbo 模型
    messages=[
        {"role": "user", "content": "用 Python 实现冒泡排序程序"},
    ]
)
# 输出回复内容
print(response.choices[0].message.content)
# 输出总共消耗的 tokens 数
print('消耗的 token 数: ',response.usage.total_tokens)
```

运行这段程序，会输出如下内容。

以下是 Python 实现冒泡排序的示例代码。

```
'''python
def bubble_sort(arr):
    n = len(arr)
    # 遍历所有数组元素
    for i in range(n):
        # Last i elements are already sorted
        for j in range(0, n-i-1):
            # 如果当前元素大于下一个元素，则交换它们
            if arr[j] > arr[j+1] :
                arr[j], arr[j+1] = arr[j+1], arr[j]


# 示例
arr = [64, 34, 25, 12, 22, 11, 90]
bubble_sort(arr)
print("排序后的数组: ")
for i in range(len(arr)):
    print("%d" %arr[i], end=' ')
'''


输出结果:


'''
```

```
排序后的数组：
11 12 22 25 34 64 90
'''
消耗的 token 数：221
```

1.7　使用 Playground 制订旅游计划

OpenAI Playground 是一个基于 Web 的工具，用于演示和测试 OpenAI API 的语言模型。通过 Playground，用户可以直接在 Web 浏览器中与 GPT-3 进行交互，而不需要编写代码。Playground 提供了一个直观的用户界面，让用户可以输入文本提示，并查看模型生成的响应。

读者可以通过 OpenAI 网站的页面使用 Playground。

打开 Playground 后，在 Playground 输入框中输入图 1-18 所示的问题。

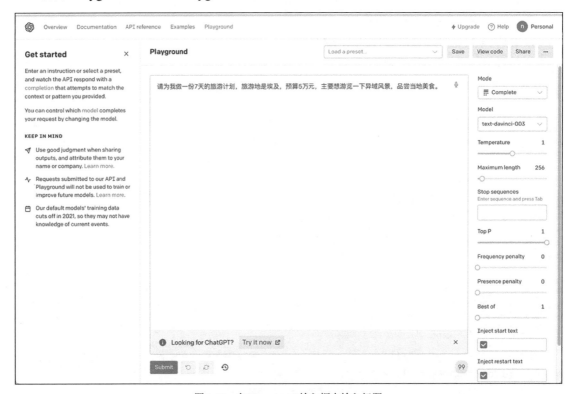

图 1-18　在 Playground 输入框中输入问题

通过 Playground 右侧的选项调整参数。然后，单击 Submit 按钮提交问题，过一会儿，就会得到图 1-19 所示的回复。

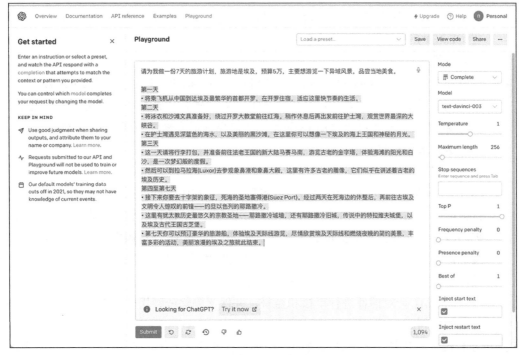

图 1-19　回复

如果回复内容太多，而 Maximum length 设置得太小，可以通过多次单击 Submit 按钮继续输出剩下的回复内容。

1.8 ChatGPT 生态圈

本节会介绍 ChatGPT 生态圈。ChatGPT 生态圈包含多种软件，如 ChatGPT 插件、浏览器插件以及海量基于 OpenAI API 的应用。

1.8.1 ChatGPT Plus 插件系统

ChatGPT Plus 插件系统是一项新功能，它使语言模型能够与外部工具和服务进行交互，提供对信息的访问并实现安全、受约束的操作。OpenAI 于 2023 年 3 月 23 日发布了 ChatGPT Plus 插件系统，目前只有 ChatGPT Plus 用户才能使用插件系统。插件系统的功能如下。

- 可以让用户在对话中使用不同的插件，以实现不同的功能和主题。例如，有些插件可以让 ChatGPT 模仿名人或角色的风格和语气，有些插件可以让 ChatGPT 帮助用户完成一些特定的任务，如写作、编程、学习等。

- 可以让开发者使用自然语言来创建和发布自己的插件，无须编写代码。开发者只需要在 ChatGPT 中输入一些指令和示例，就可以定义插件的名称、描述、触发条件、响应内容等（该功能只有部分用户可以使用，是一种实验性功能）。

- 可以让开发者使用 OpenAI API 来调用和定制 ChatGPT 的功能。OpenAI API 提供了一系列的开发工具，如文档、示例、教程、社区等，让开发者可以更容易地使用和开发 ChatGPT。开发者可以使用 Python 或其他编程语言来编写代码，并通过 OpenAI API 来发送请求和接收响应。

- 有一些安全措施和限制，可以保护用户和开发者的数据和隐私。例如，插件只能使用 GET 请求来获取数据，不能使用 POST 请求来发送数据；插件只能访问那些允许爬虫抓取的网站，不能访问那些禁止爬虫抓取的网站；插件会被放置在一个受防火墙保护的沙盒中，并会分配少量的临时磁盘空间；OpenAI 会对插件进行安全评估和红队演练，以防止恶意行为和攻击；插件不能访问用户或开发者的个人数据或敏感信息；插件不能执行任何可能造成伤害或违法的操作；插件不能包含任何不适当或有害的内容；OpenAI 会对插件进行审核和监督，并保留删除或禁用任何不符合标准或政策的插件的权利。

ChatGPT Plus 默认是关闭插件系统的，如果想打开插件系统，需要单击 ChatGPT 聊天界面左下角的用户名，然后在弹出的菜单中选择 Settings 选项，如图 1-20 所示。

选择 Settings 选项后，会弹出图 1-21 所示的 Settings 对话框。

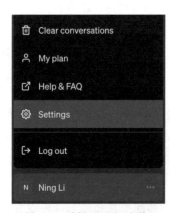

图 1-20　选择 Settings 选项

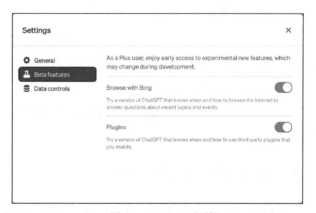

图 1-21　Settings 对话框

接下来，单击左侧的 Beta features 列表项，并在右侧区域中打开 Plugins 选项。也可以打开 Browse with Bing 选项，Browse with Bing 选项允许 ChatGPT 通过 Bing 获取最新的数据，相当于通过 Bing 让 ChatGPT 可以获取互联网上最新的数据，否则，ChatGPT 的数据就截至 2021 年 9 月，该时间以后的数据 ChatGPT 会一概不知。

　　打开插件系统后，关闭 Settings 对话框，然后单击左上角 New chat 按钮，创建一个新会话，并在会话列表窗口上方选择 GPT-4，会在 GPT-4 下方显示 Plus 用户扩展专区页面，如图 1-22 所示。

　　在 Plus 用户专区页面中，单击 Plugins 选项，会在 GPT-4 的下方显示已经启动插件的图标。单击这些插件，会弹出图 1-23 所示的插件选择窗口。

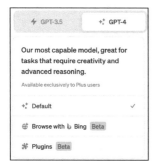

图 1-22　Plus 用户专区页面

图 1-23　插件选择窗口

　　目前 ChatGPT Plus 用户最多可以同时启动 3 个插件，只需要选中图 1-23 所示的窗口中插件右侧的复选框，就会启动当前插件。

　　默认是不安装任何插件的，在使用某个插件之前，要先安装这个插件。如果已经安装的插件太多，滚动条滚动到最后即可看到 Plugin store 选项。如果还没有安装任何插件，在图 1-24 所示窗口的最下面，选择 Plugin store 选项，安装插件。

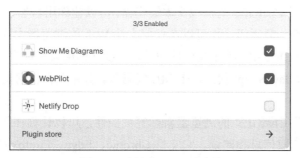

图 1-24　选择 Plugin store 选项

　　进入 Plugin store 窗口，如图 1-25 所示。

　　默认会显示流行的插件，用户也可以单击 All 选项卡，显示所有的插件。目前大概有超过 400 个插件。单击插件中的 Install 按钮，就会安装该插件。安装完需要的插件后，关闭该窗口即可。这时就会在图 1-23 所示的窗口中看到刚才安装的插件，选中该插件右侧的复选框就可以启动该插件。

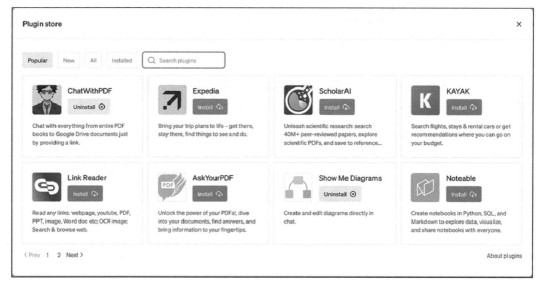

图 1-25　Plugin store 对话框

1.8.2　支持 ChatGPT 的浏览器插件

浏览器是 ChatGPT 的主阵地，因为 ChatGPT 的大多数用户是使用浏览器访问 ChatGPT 的，所以就涌现出了大量支持 ChatGPT 的浏览器插件。下面是一些支持 ChatGPT 的常用浏览器插件。

- ChatGPT ProBot：基于 ChatGPT 实现的 GitHub 机器人，不仅可以让 ChatGPT 帮你审核代码、重构代码，还可以在 GitHub 页面上和它进行聊天，咨询问题。
- EditGPT：基于 ChatGPT 的在线文本编辑器，可以让你用自然语言来编写和修改文本，如文章、邮件、简历等。你可以在任何支持 Web 的浏览器中使用它。
- Merlin：基于 ChatGPT 的在线编程助手，可以让你用自然语言来编写和修改代码，如 Python 代码、JavaScript 代码、HTML 代码等。你可以在任何支持 Web 的浏览器中使用它。
- WeTab：基于 ChatGPT 的浏览器新标签页插件，可以让你在新标签页上和 ChatGPT 进行聊天，获取信息和建议。它支持 Chrome、Edge、Firefox 等浏览器。
- ChatGPT for Google：基于 ChatGPT 的浏览器搜索结果插件，可以让你根据搜索引擎的内容自动生成搜索问题的答案。它支持 Google、Bing、DuckDuckGo、Brave、Yahoo、Naver、Yandex、Kagi 等搜索引擎，并且可以安装在 Chrome、Edge、Firefox 等浏览器上。
- Glarity：基于 ChatGPT 的浏览器插件，可以让你轻松地对任何网页进行摘要，包括 YouTube 视频和 Google 搜索结果。
- YouTube Summary with ChatGPT：基于 ChatGPT 的浏览器插件，可以让你对 YouTube 视频进行摘要，并且允许在浏览视频时在视频缩略图上单击摘要按钮，快速查看摘要。

- Tactiq：基于 ChatGPT 的浏览器插件，可以让你对 Zoom 会议进行录制、转录和摘要，并且可以在 Google 文档中保存和分享摘要。
- ChatGPT Writer：基于 ChatGPT 的在线写作助手，可以让你用自然语言来写邮件、消息、文章等，并且可以提供修改和优化的建议。
- WebChatGPT：基于 ChatGPT 的在线聊天机器人，可以让你和 ChatGPT 进行对话，并且可以让 ChatGPT 访问互联网上的信息。

1.8.3　基于 OpenAI API 的海量应用

在 ChatGPT 生态圈中数量最多的就是基于 OpenAI API 的各种类型的应用。下面是一些支持 OpenAI API 的应用。

- DALL-E：基于 OpenAI API 的图像生成系统，可以让用户用自然语言来创建和绘制图像，支持多种风格和主题，如动物、食物、建筑等。
- CLIP：基于 OpenAI API 的图像识别系统，可以让用户用自然语言来搜索和分类图像，支持多种语言和领域，如英语、中文、医学、艺术等。
- GitHub Copilot：基于 Codex 模型的代码补全工具，可以让用户使用 AI 辅助编程，并提供智能的代码建议和错误检测。
- Notion AI：基于 OpenAI API 的工具，它能够帮助用户更高效地处理信息和任务。Notion AI 具有如下优点。
  - ❑ 生成摘要、行动项、重点等，帮助用户整理杂乱的笔记。
  - ❑ 改进写作，修正拼写和语法错误，翻译不同语言，编辑语气和风格，调整长度，解释专业术语等。
  - ❑ 克服写作障碍，让 Notion AI 为用户提供第一稿或继续写作。
  - ❑ 节省订阅费用，Notion AI 功能完备，提供用户需要的大部分写作功能。

Notion AI 使用了与 ChatGPT 相同的 GPT-3 语言模型，可以根据用户的输入生成数学或语言的输出。Notion AI 目前支持英语、韩语、日语、法语、德语、西班牙语和葡萄牙语。Notion AI 还有一个活跃的社区，用户可以在那里交流经验和技巧。

1.9　更多生成式人工智能产品

本节会介绍与 ChatGPT 同类的其他 AIGC 产品。

1.9.1　New Bing

New Bing 是微软推出的一款新型搜索引擎，它可以让用户直接输入自然语言的问题，并得到完整的答案。New Bing 不仅可以提供网页搜索结果，还可以提供引用、聊天和创作等功能。读者可以通过 Bing 网站访问 New Bing。使用 New Bing 需要注册微软账号。

New Bing 也是基于 GPT-4 模型的，但 New Bing 并不是 ChatGPT Plus。ChatGPT 与 New Bing 的主要差异如下。

- 功能和定位：ChatGPT 主要是一个人工智能聊天机器人，它专注于提供基于 GPT-4.0 的智能聊天体验。ChatGPT 可以与用户进行自然对话，并根据聊天的上下文进行互动。ChatGPT 还可以根据用户输入的文字提示或样本，自动生成相关的代码、邮件、视频脚本、文案、翻译、论文等内容。New Bing 则是一个新型搜索引擎，它可以让用户直接输入自然语言的问题，并得到完整的答案。New Bing 不仅可以提供网页搜索结果，还可以提供引用、聊天和创作等功能。New Bing 还可以根据用户输入的关键词或主题，自动生成相关的文章或段落。

- 版本和性能：ChatGPT 使用了 OpenAI 发布的 GPT-4.0 模型，这是目前最先进的语言模型之一。GPT-4.0 模型具有更广泛的常识和问题解决能力，能够生成更准确和更具创造性的内容。New Bing 则使用了一个测试版本的 GPT-4.0 模型，这是一个尚未正式发布的版本。测试版本的 GPT-4.0 模型可能存在一些不稳定或不完善的地方，因此生成内容的质量和准确性有所下降。经过测试，单从代码生成来看，在生成复杂代码时，New Bing 的错误比较多，甚至还不如 ChatGPT 免费版。不过可以多生成几次，以降低错误率。

- 数据和安全：ChatGPT 目前还没有实现实时地从网络上获取数据的功能[①]，它只能依赖模型中已经存储的数据进行生成。这使 ChatGPT 在实时性场景下具有劣势。而 New Bing 则可以实时地从网络上获取数据，并为生成内容提供来源和引用。这使 New Bing 在实时性较强的场景下具有优势。另外，OpenAI 花费了 6 个月时间来提高 ChatGPT 模型的安全性和准确性，使它比以前的版本更不容易产生不良或不合适的内容，并且更能够生成符合事实的回复。而微软则没有明确说明它在 New Bing 的安全性和对齐性方面做了哪些改进。

总之，ChatGPT 和 New Bing 都是基于生成式 AI 技术的产品或服务，它们都可以根据用户输入的自然语言，生成相关的回复或内容。但是它们在功能和定位、版本和性能、数据和安全等方面有着明显的差异。

---

① 2023 年 5 月，OpenAI 为 ChatGPT Plus 版本推出了一个可以联网的插件，使 ChatGPT Plus 可以获得最新的数据，但这仍然属于补丁形式的解决方案。在未来，ChatGPT Plus 应该会像 New Bing 一样，可以实时从网络获取最新的数据。

1.9.2　Claude

Claude 是由 Anthropic 开发的一款人工智能平台，它可以执行各种对话和文本处理任务，同时保持高度的可靠性和可预测性。Claude 可以根据用户输入的关键词或主题，自动生成相关的文章或段落。Claude 还可以根据用户反馈进行自我学习和优化，提高生成内容的质量和适用性。

读者可以通过 Slack 网站使用 Claude。创建一个新的工作区就可以免费使用 Claude。

1.9.3　Bard

Bard 是由谷歌开发的一款实验性的人工智能服务，它可以让用户与生成式 AI 进行协作。Bard 可以帮助用户提高工作效率并激发好奇心。Bard 可以根据用户输入的文字提示或样本，自动生成相关的代码、邮件、视频脚本、文案、翻译、论文等内容。Bard 还可以根据用户反馈进行调整和优化，提高生成内容的质量和满意度。

读者可以通过 Google 网站使用 Bard，需要拥有 Gmail 账号才可以使用。

1.9.4　文心一言

文心一言是由百度开发的一款大语言模型，能够根据用户输入的关键词或主题，自动生成相关的文章或段落。百度文心一言的优点是它能够快速地生成各种类型和风格的文本内容，如新闻、故事、诗歌、广告等，并且支持多种语言和领域。

1.9.5　通义大模型

通义大模型是阿里巴巴开发的语言大模型，可以写作、写诗、写代码等。它是基于阿里的自研深度学习框架 MNN 和自研芯片含光 800 的高性能计算平台，以及阿里内部海量的数据和知识资源构建的。

1.9.6　混元大模型

混元大模型是腾讯开发的语言大模型，训练成本低、速度快。它是基于腾讯的自研深度学习框架太极和自研芯片星光 100 的高性能计算平台，以及腾讯内部海量的数据和知识资源构建的。

1.9.7　盘古大模型

盘古大模型是华为开发的多领域大模型，有基础大模型，也有 NLP、视觉、气象等垂直大模型。它是基于华为的自研深度学习框架 MindSpore 和自研芯片昇腾 910 的高性能计算平台，以及华为内部海量的数据和知识资源构建的。

1.9.8　MOSS

MOSS 是复旦大学邱锡鹏教授团队开发的对话式大语言模型，类似于 ChatGPT，已经开源。它是基于开源深度学习框架 PyTorch 和公开数据集构建的。

1.10　鉴别 ChatGPT 回复的真伪

1.10.1　重要的问题问 3 遍

因为 ChatGPT 每次的回答都不同，所以可以利用 ChatGPT 的这个特性，向 ChatGPT 多次提出同一个问题。如果提问 3 次或以上，ChatGPT 的回复大体意思都相同，那么说明 ChatGPT 的回复的正确率就会非常高；如果多次提问 ChatGPT 同一个问题，ChatGPT 的每次回答都差别很大，有的意思甚至完全相反，就说明 ChatGPT 的回复很有可能是错误的。但要注意，每次提问同一个问题时，要开启新的会话，这是因为 ChatGPT 有上下文记忆功能，如果在同一个会话中多次问同样的问题，ChatGPT 可能会在上下文的影响下每次的回答都类似，即使这个回答是错误的。

示例如下。

> 武则天是哪一年登基做皇帝的？登基那一年的年号是什么？只回答我问的问题，不要回答多余的内容。
> 武则天于 690 年登基做皇帝，那一年的年号是天授。

如果在 ChatGPT 的不同会话中问以上问题，得到的回复都是 690 年，以及"天授"，那么说明 ChatGPT 回答的是正确的。因为 ChatGPT 不可能每次胡说八道，并且在没有上下文的情况下都一样。

1.10.2　交叉验证

利用多个生成式 AI 系统互相验证（也称为交叉验证），也是一个非常好的验证回复真伪的好方法。这里的交叉验证有如下两种方法。

- 在一个生成式 AI 系统中提问和接收回复，然后在其他生成式 AI 系统中验证这个回复。如果其他生成式 AI 系统认为这个描述是正确的，或基本正确，那么这个回复准确率会非常高。
- 在多个生成式 AI 系统中问同一个问题，如果这些生成式 AI 的回复都差不多，那么说明这个回复基本是准确的。

由于不同生成式 AI 系统的训练数据、模型算法都不相同，因此如果多个生成式 AI 系统的回复基本相同，或者它们互相认可对方的回复，那么不太可能胡说八道。这就像在审问不同的犯罪嫌疑人，在这些犯罪嫌疑人没有串供的前提下，就算胡说八道，也不可能说得完全一样。当然，由于训练模型的数据来自互联网，因此如果互联网上的数据本来就是错的，那么不同生成式 AI 系统有可能会输出相同的错误回复。

示例如下。

将 1.10.1 节中问题的回复放到 New Bing 和 Claude 中进行验证，会得到如图 1-26 和图 1-27 所示的回复。

图 1-26　New Bing 的验证结果

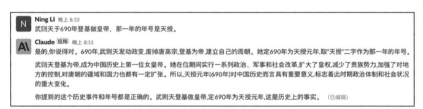

图 1-27　Clause 的验证结果

图 1-28 与图 1-29 是分别向 New Bing 和 Claude 提问同一个问题的回复。

图 1-28　New Bing 的回复

图 1-29　Claude 的回复

我们可以看到，两种交叉验证方式都通过了，说明这个回复基本上是准确的。如果读者还不相信这个回复，可以从 New Bing 的回复结果获得出处的链接，并做进一步的验证。

1.11　小结

详细读完这章的读者一定心潮澎湃，原来 ChatGPT 有这么多功能和使用技巧。其实，这只是冰山的一角，本章只是概述，并没有涉及 ChatGPT 在各个领域的应用。本书后面的章节将彻底揭开 ChatGPT 的面纱，而在面纱下面的是比宝藏还珍贵的东西，那就是力量——智慧的力量。

第 2 章　自动化编程：GitHub Copilot 的奇妙之旅

尽管 ChatGPT 可以编写完整的代码，但是要与集成开发环境（Integrated Development Environment，IDE）无缝对接，使用 ChatGPT 就不太方便了，尤其是在生成片段代码时，如补全一个函数的定义、补全某个语句等，在这种情况下，使用 GitHub Copilot 是一个非常好的选择。当然，最好是将 ChatGPT 与 GitHub Copilot 一起使用：使用 ChatGPT 生成一个完整的解决方案，并使用 GitHub Copilot 对这个解决方案进行微调。本章主要介绍 GitHub Copilot 是什么，如何安装和验证 GitHub Copilot，如何用 GitHub Copilot 实现自动化编程以及 GitHub Copilot 的一些常用配置。

2.1　初识 GitHub Copilot

本节主要介绍 GitHub Copilot 的一些基础知识，包括 GitHub Copilot 是什么、GitHub Copilot 的训练模型、GitHub Copilot 的功能、注册 GitHub 账户、订阅 GitHub Copilot、取消订阅 GitHub Copilot 等。

2.1.1　GitHub Copilot 简介

GitHub Copilot 是一个 AI 编码助手，它并不是一个独立的 IDE，而是以各种流行 IDE 插件形式（如 Visual Studio Code、JetBrains IDE、Visual Studio 等）发布的。它可以在开发者使用这些 IDE 时，根据代码的命名或上下文，提供相应的建议，甚至生成完整的代码。GitHub Copilot 是由 GitHub 和 OpenAI 合作开发的，它利用 GitHub 上公开可用存储库的数十亿行代码训练而成。

GitHub Copilot 可以为多种语言和各种框架提供建议，尤其适用于 Python、JavaScript、TypeScript、Ruby、Go、C#和 C++。GitHub Copilot 可以帮助开发者快速编写函数、测试、循环、API 调用等。

GitHub Copilot 是基于 Codex 训练的，Codex 则在 GitHub 的公共代码存储库上进行了训练。Codex 是基于 GPT-3 的全新 AI 系统，GPT-3 是一种能够利用简单提示生成文本序列的语言模型。

2.1.2　Codex 与 GPT-3 的关系

Codex 和 GPT-3 的区别主要是，Codex 使用了更多的代码数据进行训练，从而提高了代码生成能力。Codex 在算法上与 GPT-3 的区别不大，它们都是基于 Transformer 的自回归语言模型，并且使用了相同的分词器和优化器。但是，Codex 在模型规模和训练数据上有所不同，它有 4 种规模的模型，分别是 Davinci、Curie、Babbage 和 Ada（按功能降序和速度升序排列）。Codex 的训练数据包含自然语言和来自公开来源的数十亿行源代码，比如公共 GitHub 存储库中的代码以及从网络上搜集的代码。

所以从这一点来看，Codex 是 GPT-3 的后代，也是一种深度神经网络语言模型，但是 Codex 已经基于自然语言和代码进行了训练，可以为自然语言到代码的用例提供支持。虽然 GPT-3 也可以生成代码，但是 GPT-3 并没有专门针对代码进行训练，所以在很多情况下，GPT-3 生成代码的效果不如 Codex。

2.1.3　GitHub Copilot 的主要功能

GitHub Copilot 的主要功能如下。

- 提供智能化的、高质量和多样化的代码建议：GitHub Copilot 可以根据你的代码上下文和注释，为你提供整行或整个函数的代码建议，帮助你快速完成编码任务。GitHub Copilot 基于 GitHub 上的数十亿行代码和其他网站的源代码进行学习，可以提供高质量和多样化的代码建议。
- 支持多种语言和各种框架：GitHub Copilot 支持多种语言和各种框架，尤其适用于 Python、JavaScript、TypeScript、Ruby、Go、C#和 C++。
- 个性化和可配置的设置：GitHub Copilot 可以根据你的编码风格和偏好进行调整，提供更符合需求的代码建议。你也可以在不同的环境中配置 GitHub Copilot 的设置，例如，是否允许与公共代码匹配的建议，是否启用重复检测等。
- 提供自动补全风格的建议：GitHub Copilot 可以在你编写代码时提供内联建议，类似于自动补全功能，但更加智能和灵活。你可以使用 Tab 键或其他快捷键来接受或拒绝建议，也可以使用上下箭头来浏览不同的建议。

- 生成和重构测试代码：GitHub Copilot 可以帮助你生成测试用例，以验证你的代码是否正确运行。你只需要写一个注释，描述你想要测试的内容，GitHub Copilot 就会为你生成相应的测试代码。GitHub Copilot 还可以帮助你重构代码，以提高代码的质量和可读性。你只需要使用自然语言来描述想要改变的内容，GitHub Copilot 就会为你提供重构后的代码。

- 支持基于语义的搜索：GitHub Copilot 可以根据你的代码上下文和意图，为你搜索相关的代码片段或文档。你可以使用 Ctrl+Shift+Enter 组合键或其他快捷键来触发 GitHub Copilot 的搜索功能，然后输入想要搜索的内容，GitHub Copilot 就会返回最匹配的结果。

2.1.4 注册 GitHub 账户

在使用 GitHub Copilot 之前，你需要有一个 GitHub 账户。打开 GitHub 网站，输入自己的 email，注册 GitHub 账户，如图 2-1 所示。

单击 Continue 按钮，验证 email 是否正确。如果验证通过，就会出现一系列验证信息，如图 2-2 所示。

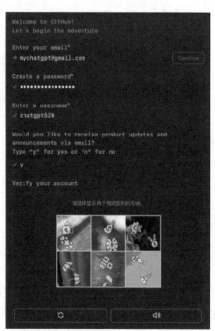

图 2-1　注册 GitHub 账户

图 2-2　GitHub 账户的验证信息

逐一验证通过后，页面的最后会显示 Create Account 按钮。单击 Create Account 按钮，将显示要求输入 GitHub 验证码的页面，如图 2-3 所示，并向你的电子邮箱发送一个 8 位的验证码。你需要将这个验证码输入或复制到这个页面的 8 个文本输入框中。

图 2-3　要求输入 GitHub 验证码的页面

如果验证码正确，就可以直接登录 GitHub，并进入 GitHub 首页，如图 2-4 所示。

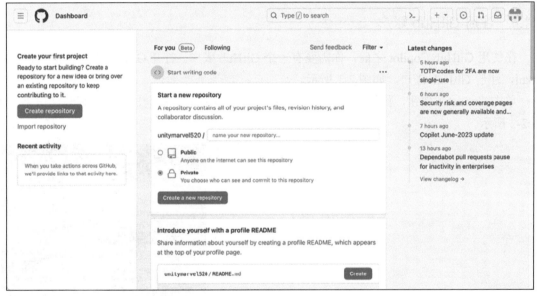

图 2-4　GitHub 首页

2.1.5　订阅 GitHub Copilot

注册并登录 GitHub 后，选择 Copilot，订阅 GitHub Copilot。订阅 GitHub Copilot 后，将会显示 GitHub Copilot 的首页，如图 2-5 所示。

GitHub Copilot 有两个订阅计划——GitHub Copilot for Individuals（个人订阅计划）和 GitHub Copilot for Business（企业订阅计划）。个人订阅计划主要针对个人，企业订阅计划主要针对企业。GitHub Copilot 的这两个订阅计划在处理代码的功能上完全相同，但它们仍然有如下区别。

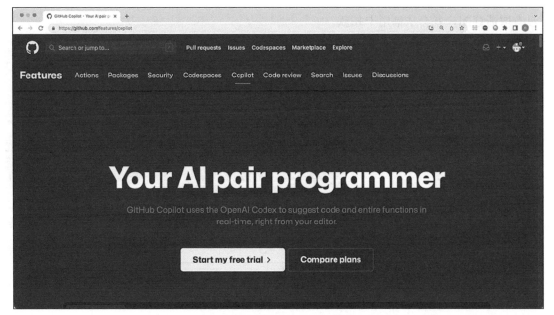

图 2-5　GitHub Copilot 的首页

- 价格：GitHub Copilot for Individuals 的价格是每月 10 美元或每年 100 美元，GitHub Copilot for Business 的价格是每个用户每月 19 美元。
- 账户类型：GitHub Copilot for Individuals 只能通过 GitHub 的个人账户使用，GitHub Copilot for Business 则可以通过 GitHub 的组织或企业账户使用。
- 访问管理：GitHub Copilot for Individuals 只能由个人用户自己管理访问权限，GitHub Copilot for Business 则可以由组织或企业的管理员管理访问权限。
- 支持范围：GitHub Copilot for Individuals 和 GitHub Copilot for Business 都支持多种语言和各种框架，但 GitHub Copilot for Business 还支持通过自签名证书的 VPN 代理访问。
- 免费使用：GitHub Copilot for Individuals 有 30 天的免费使用期限，如果在此期限内取消订阅，则不会收取任何费用。

单击图 2-5 所示页面中的 Start my free trial 按钮，就会弹出图 2-6 所示的页面，从中可以选择个人订阅的类型（每月 10 美元或每年 100 美元）。

单击图 2-5 所示页面中的 Compare plans 按钮，则会弹出图 2-7 所示的页面，单击 Buy Now 按钮，就可以完成企业订阅。

在图 2-7 所示的页面中单击 Start a free trial 按钮，同样可以进入图 2-6 所示的页面。单击图 2-6 所示页面中的 Get access to GitHub Copilot 按钮，进入图 2-8 所示的页面。

在图 2-8 所示的页面中输入信用卡信息，然后单击 Save payment information 按钮，就可以成功订阅 GitHub Copilot。对于个人订阅，在 30 天内是不会从信用卡扣款的。如果超过 30 天还没有取消订阅，就会从信用卡扣款。

图 2-6　选择个人订阅的类型

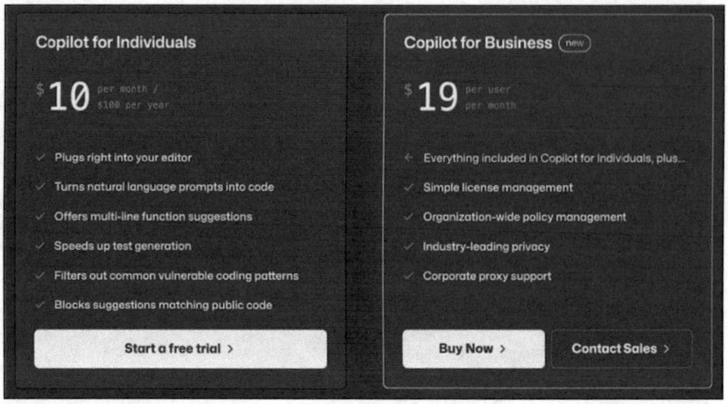

图 2-7　个人订阅和企业订阅

图 2-8　输入信用卡信息

2.1.6　取消订阅 GitHub Copilot

如果只想测试和体验一下 GitHub Copilot，并不想长期使用，则一定要在 30 天内取消订阅 GitHub Copilot，具体的操作步骤如下。

（1）进入 GitHub 首页，然后单击页面右上角的用户图标，在弹出的菜单中单击 Settings 选项。

（2）在设置页面中，选择左侧的 Access→Billing and plans→Plans and usage 选项，就会在右侧显示一个页面。

（3）在这个页面的中间位置，找到 Edit 下拉列表框，单击 Cancel trial 列表项，就会取消订阅，如图 2-9 所示。

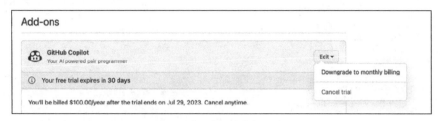

图 2-9　取消订阅

2.2　安装和验证 GitHub Copilot

本节介绍如何在不同的 IDE 中安装和验证 GitHub Copilot，包括 Visual Studio Code、IntelliJ IDEA 和 Visual Studio。GitHub Copilot 提供了 Visual Studio Code 和 IntelliJ IDEA 的插件，以及 Visual Studio 的扩展。通过这些功能，用户可以在这些 IDE 中实现多种语言的代码补全，以及自动生成多种语言的代码。

2.2.1　在 Visual Studio Code 中安装和验证 GitHub Copilot

打开 Visual Studio Code，单击左侧的显示扩展页面按钮，然后在扩展页面上方的搜索框中输入 GitHub Copilot，便可找到 GitHub Copilot 扩展，如图 2-10 所示。

图 2-10　搜索 GitHub Copilot 扩展

单击"安装"按钮，安装 GitHub Copilot 扩展。成功安装后，GitHub Copilot 扩展的页面如图 2-11 所示。

现在测试一下 GitHub Copilot 是否可以正常使用。首先，关闭所有的 Visual Studio Code 实例。然后，重启 Visual Studio Code。第一次使用 GitHub Copilot 时，Visual Studio Code 会显示要求登录 GitHub 的消息框，如图 2-12 所示。这是没有登录 GitHub 导致的。

单击 Sign in to GitHub 按钮，如果弹出图 2-13 所示的对话框，就单击 Allow 按钮，确认使用 GitHub 登录。

图 2-11　GitHub Copilot 扩展的页面

图 2-12　要求登录 GitHub 的消息框

图 2-13　确认使用 GitHub 登录

　　单击 Allow 按钮，就会直接跳转到浏览器中，然后出现 GitHub 登录页面，如图 2-14 所示。输入 GitHub 账号和密码，然后单击 Sign in 按钮。

　　如果成功登录 GitHub，浏览器中将会弹出询问是否使用 Visual Studio Code 打开链接的对话框，如图 2-15 所示，选中"一律允许********vscode****打开 vscode 链接"复选框，单击"打开链接"按钮。

　　跳回到 Visual Studio Code，弹出图 2-16 所示的对话框。选中 Don't ask again for this extension 复选框，以免每次都弹出这个对话框。单击 Open 按钮，打开 Visual Studio Code 的 URI。

　　如果在单击 Open 按钮后没有出现任何错误提示，则说明已经成功登录 GitHub，而且 Visual Studio Code 的 GitHub Copilot 扩展已经使用 GitHub 账户登录成功了。

图 2-14 GitHub 登录页面

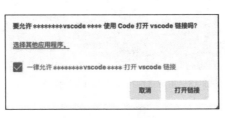

图 2-15 确定是否使用
Visual Studio Code 打开链接

图 2-16 确定是否打开
Visual Studio Code 的 URI

接下来，测试 GitHub Copilot 扩展是否可用。GitHub Copilot 扩展的主要功能是补全代码，补全代码有多种方法，其中一种就是通过注释补全代码。也就是说，首先提供一行注释，然后换行，通常就可以生成一行代码，可能是一个函数的定义，也可能直接就是实际的代码，GitHub Copilot 扩展会根据注释的内容决定生成什么代码。不过，生成的代码并不会真正放到源代码文件中，而是像代码提示一样显示，直到按 Tab 键，生成的代码才会真正放到源代码文件中。

根据上面的描述，我们做一个实验。首先在 Visual Studio Code 中创建一个 copilot.py 文件（其他语言的源代码文件也可以），然后输入如下注释。

```
# 编写冒泡排序算法
```

输入注释后，按 Enter 键，等一会儿（一般 1～2s），就会生成一个函数头，如图 2-17 所示。如果没有生成函数头，可以按 Tab 键。注意，根据生成式 AI 的特性，每一次生成的代码都可能会不同。

图 2-17 生成冒泡排序算法的函数头

然后按 Tab 键，这行代码会存放到 copilot.py 文件中。接下来，按 Enter 键，GitHub Copilot 扩展将会生成冒泡排序算法的完整代码，如图 2-18 所示。

最后，按 Tab 键，便可以将这些代码插入 copilot.py 文件中，如图 2-19 所示。

到现在为止，我们已经通过 GitHub Copilot 扩展完整地生成了一个 Python 版的冒泡排序算法程序。如果读者按照以上步骤完成了这项工作，则说明 GitHub Copilot 已经安装成功了。在后面的章节中，我们将通过 GitHub Copilot 扩展生成更多、更完善的程序。

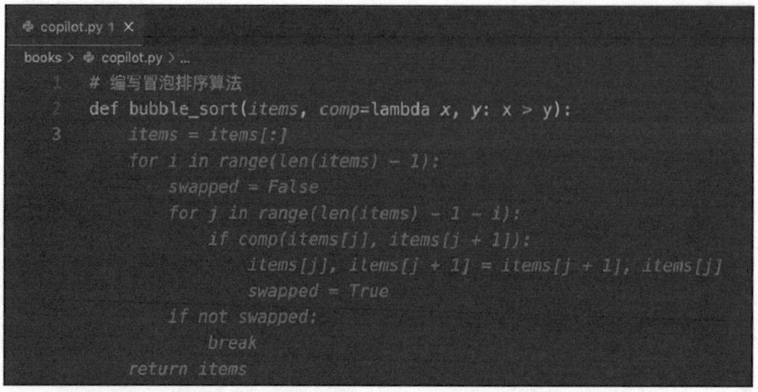

```
⬦ copilot.py 1 ×
books > ⬦ copilot.py > ...
    1   # 编写冒泡排序算法
    2   def bubble_sort(items, comp=lambda x, y: x > y):
    3       items = items[:]
            for i in range(len(items) - 1):
                swapped = False
                for j in range(len(items) - 1 - i):
                    if comp(items[j], items[j + 1]):
                        items[j], items[j + 1] = items[j + 1], items[j]
                        swapped = True
                if not swapped:
                    break
            return items
```

图 2-18　生成冒泡排序算法的完整代码

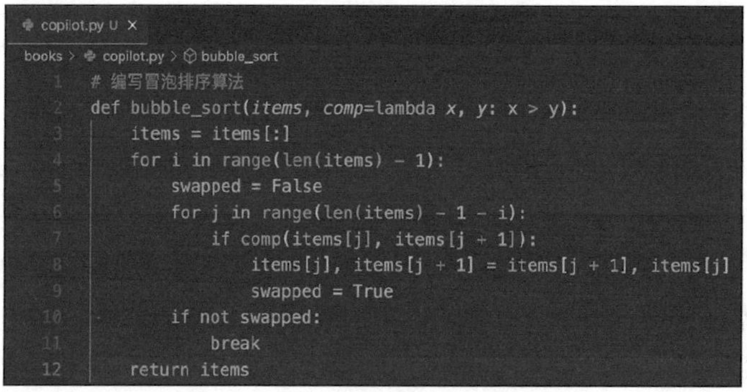

```
⬦ copilot.py U ×
books > ⬦ copilot.py > ⦿ bubble_sort
    1   # 编写冒泡排序算法
    2   def bubble_sort(items, comp=lambda x, y: x > y):
    3       items = items[:]
    4       for i in range(len(items) - 1):
    5           swapped = False
    6           for j in range(len(items) - 1 - i):
    7               if comp(items[j], items[j + 1]):
    8                   items[j], items[j + 1] = items[j + 1], items[j]
    9                   swapped = True
    10          if not swapped:
    11              break
    12      return items
```

图 2-19　将生成的代码插入 copilot.py 文件中

2.2.2　在 JetBrains IDE 中安装 GitHub Copilot

GitHub Copilot 提供了 JetBrains IDE 插件，所以 GitHub Copilot 可以在 JetBrains IDE 家族中使用，支持的 IDE 如下：

- IntelliJ IDEA（旗舰版、社区版和教育版）；
- Android Studio；
- AppCode；
- CLion；
- Code With Me Guest；
- DataGrip；
- DataSpell；
- GoLand；
- JetBrains Client；
- MPS；
- PhpStorm；

- PyCharm（旗舰版、社区版和教育版）；
- Rider；
- RubyMine；
- WebStorm。

本节讲解 IntelliJ IDEA，这是 JetBrains 公司发布的一种常用 IDE，主要用于开发 Java 和 Kotlin 程序以及相关的项目。其他 IDE 的安装方法与 IntelliJ IDEA 完全相同。

在 IntelliJ IDEA 中安装 GitHub Copilot 插件的步骤如下。

（1）在 Windows 版本或 Linux 版本的 IntelliJ IDEA 中，从菜单栏中选择 File→Settings 选项，显示 Settings 对话框。在 macOS 版本的 IntelliJ IDEA 中，选择 Preferences 选项，显示 Preferences 对话框。

（2）在 Settings 或 Preferences 对话框中，选择左侧的 Plugins。

（3）在 Settings 或 Preferences 对话框顶部的搜索框中，输入 GitHub Copilot，就会找到 GitHub Copilot 插件，如图 2-20 所示。

图 2-20　搜索 GitHub Copilot 插件

（4）单击 Install 按钮，即可安装 GitHub Copilot 插件。安装完 GitHub Copilot 插件后，需要重启 IntelliJ IDEA。

（5）重启 IntelliJ IDEA，从菜单栏中选择 Tools→GitHub Copilot→Login to GitHub 选项，如图 2-21 所示，弹出 Sign in to GitHub 对话框，如图 2-22 所示。

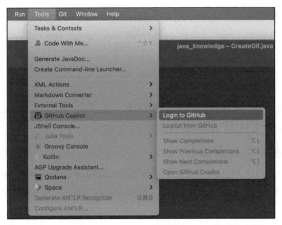

图 2-21　选择 Tools→GitHub Copilot→Login to GitHub 选项

图 2-22　Sign in to GitHub 对话框

（6）单击 Copy and Open 按钮，复制 Device code 文本框中的设备码，并使用浏览器打开 Device Activation 页面。

（7）在 Device Activation 页面中，粘贴设备码，单击 Continue 按钮，激活设备，如图 2-23 所示。

（8）在弹出的页面中，单击右下角的 Authorize GitHub Copilot Plugin 按钮，授权 GitHub Copilot 插件使用 GitHub 账户，如图 2-24 所示。

如果授权成功，浏览器中将会显示图 2-25 所示的页面。

图 2-23　激活设备

图 2-24　授权 GitHub Copilot
插件使用 GitHub 账户

图 2-25　授权成功

同时，IntelliJ IDEA 的右下角也会显示图 2-26 所示的提示信息，这说明 GitHub Copilot 插件已经使用 GitHub 账户登录成功。

图 2-26　GitHub Copilot 登录成功

在 IntelliJ IDEA 中安装并登录 GitHub Copilot 插件以后，测试一下。首先，创建一个 Copilot.java 文件。然后，在 Copilot 类中添加如下注释：

```
// 编写实现冒泡排序算法的方法
```

接下来，按 Enter 键，等一会儿，GitHub Copilot 就会自动生成图 2-27 所示的代码。按 Tab 键，即可将这些代码插入 Copilot.java 文件中。

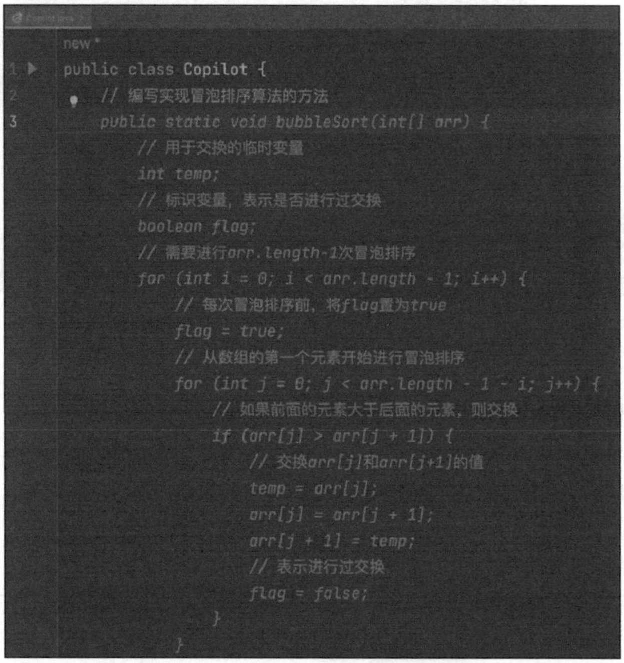

图 2-27　在 IntelliJ IDEA 中自动生成代码

2.2.3　在 Visual Studio 中安装 GitHub Copilot

GitHub Copilot 提供了 Visual Studio 扩展，可以在 Visual Studio 中为 C#、C++、Python 等语言提供补全以及自动生成等功能，但要求 Visual Studio 是 Visual Studio 2022 17.4.4 或以上版本，否则无法在"管理扩展"中搜索到 GitHub Copilot 扩展。读者可以检查自己的 Visual Studio 的版本，如果低于 Visual Studio 2022 17.4.4，最好升级到最新版本。

在 Visual Studio 中安装和登录 GitHub Copilot 的步骤如下。

（1）打开 Visual Studio，从菜单栏中选择"扩展"→"管理扩展"选项，如图 2-28 所示。

（2）打开"管理扩展"对话框，在左侧的列表中选择"联机"，在右上角的扩展搜索框中输入 GitHub Copilot，就会找到 GitHub Copilot 扩展，单击"下载"按钮即可下载 GitHub Copilot 扩展，如图 2-29 所示。

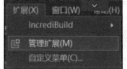

图 2-28　选择"扩展"→"管理扩展"选项　　　　图 2-29　搜索和下载 GitHub Copilot 扩展

（3）为了安装 GitHub Copilot 扩展，需要关闭 Visual Studio。关闭 Visual Studio，弹出图 2-30 所示的 VSIX Installer 对话框。单击 Modify 按钮，开始安装 GitHub Copilot 扩展。

（4）安装过程如图 2-31 所示。如果成功安装了 GitHub Copilot 扩展，就会显示图 2-32 所示的提示信息。

图 2-30　VSIX Installer 对话框

图 2-31　安装过程

图 2-32　GitHub Copilot 扩展
安装成功的提示信息

（5）打开"管理扩展"对话框，在左侧列表中选择"已安装"，在右上角的扩展搜索框中输入 GitHub Copilot，就会搜索到已经安装的 GitHub Copilot 扩展，如图 2-33 所示。单击"禁用"按钮，禁用 GitHub Copilot 扩展，或者单击"卸载"按钮，卸载 GitHub Copilot 扩展。

（6）在 Visual Studio 的左下角找到图 2-34 所示的小图标，这个小图标默认是白色的，上面有一条斜线，就是"100%"右侧那个的小图标。这是 GitHub Copilot 扩展的控制按钮。

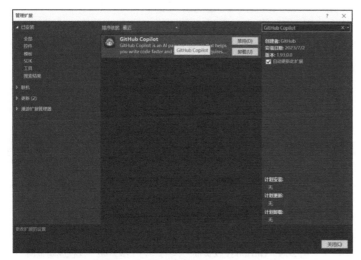

图 2-33 禁用和卸载 GitHub Copilot 扩展　　　　　图 2-34 GitHub Copilot 扩展的控制按钮

（7）单击 GitHub Copilot 扩展的控制按钮，在弹出的菜单中选择 Add GitHub account 选项（见图 2-35），开始登录 GitHub 账户。

（8）弹出图 2-36 所示的登录对话框。

（9）选择中部的"添加"，弹出图 2-37 所示的下拉菜单。

图 2-35 选择 Add GitHub account 选项　　　　图 2-36 登录对话框　　　　图 2-37 下拉菜单

（10）选择 GitHub 选项，打开浏览器，进入图 2-38 所示的 GitHub 登录页面，输入 GitHub 账号和密码，单击 Sign in 按钮，登录 GitHub。

（11）如果成功登录 GitHub，浏览器中将显示图 2-39 所示的 GitHub 授权页面。

（12）单击 Authorize github 按钮，授权 GitHub Copilot 使用 GitHub 账户。如果成功授权 GitHub Copilot，浏览器中将显示图 2-40 所示的授权成功页面。

图 2-38　GitHub 登录页面　　　　图 2-39　GitHub 授权页面　　　图 2-40　授权成功页面

到现在为止，我们已经完成了 GitHub Copilot 扩展的安装，并使用 GitHub 账户登录了 GitHub Copilot。下面创建一个 C#相关项目（其他编程语言的项目也可以），然后在源代码文件中输入如下注释。

```
// 编写冒泡排序算法
```

按 Enter 键，等一会儿，GitHub Copilot 就会自动在注释下方显示生成的 C#版冒泡排序算法，如图 2-41 所示。按 Tab 键，即可将这些生成的代码插入 C#源代码文件的当前位置。

```
private void Form1_Load(object sender, EventArgs e)
{
    // 编写冒泡排序算法
    int[] arr = { 1, 3, 5, 7, 9, 2, 4, 6, 8, 0 };
    int temp = 0;
    for (int i = 0; i < arr.Length - 1; i++) // 外层循环控制排序趟数
    {
        for (int j = 0; j < arr.Length - 1 - i; j++) // 内层循环控制每一趟
```

图 2-41　自动生成 C#版的冒泡排序算法

2.3　自动化编程

本节主要介绍 GitHub Copilot 都有哪些比较吸引人的功能，这些功能的主要特点是代码生成和检测。当然，这些功能并不能完全代替人工，但它们可以在很多方面帮助程序员更准确、更快速地完成工作。本节主要使用 Visual Studio Code 和 Python 来解释 GitHub Copilot 的功能。

2.3.1 自动补全注释

GitHub Copilot 可以自动补全注释，这有点像联想功能，也就是输入前半句，就会自动补全整个句子。例如，输入如下注释。

```
# 编写一个程序，按升序
```

GitHub Copilot 将自动补全后面的内容，如图 2-42 所示。当然，这个自动补全的注释可能不是我们的真实想法，如果是这样，就不用管它，继续往下写注释即可。如果这个自动补全的注释恰好是我们需要的，就按 Tab 键将注释插入源代码文件中。

图 2-42　自动补全注释

2.3.2 根据函数名自动生成实现代码

GitHub Copilot 可以根据函数名（或方法名）自动补全函数参数以及函数体的实现代码。例如，输入如下函数开始部分。

```
def mergeList(
```

一旦输入 mergeList() 函数的左括号，GitHub Copilot 就会自动为 mergeList()函数添加两个参数以及完整的实现代码，如图 2-43 所示。按 Tab 键，即可将生成的代码插入源代码文件中。

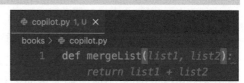

图 2-43　根据函数名自动生成实现代码

2.3.3 生成测试用例

GitHub Copilot 支持上下文功能。例如，如果想生成用于测试前面的 mergeList()函数的代码，则可以直接在 mergeList()函数的下方输入如下注释。

```
# 测试 mergeList()函数
```

然后按 Enter 键，GitHub Copilot 就会自动生成用于测试 mergeList()函数的代码，如图 2-44 所示。按 Tab 键，即可将生成的代码插入源代码文件中。

图 2-44　用于测试 mergeList()函数的代码

直接运行程序，运行结果如下。

```
[1, 2, 3, 4]
```

2.3.4 无中生有代码生成模式

GitHub Copilot 有时会生成完全不存在的东西，例如调用一个完全不存在的函数。输入如下代码。

```
def mergeMultiList(
```

GitHub Copilot 能够识别 mergeMulitList() 函数的作用是合并多个列表，所以会生成图 2-45 所示的代码。

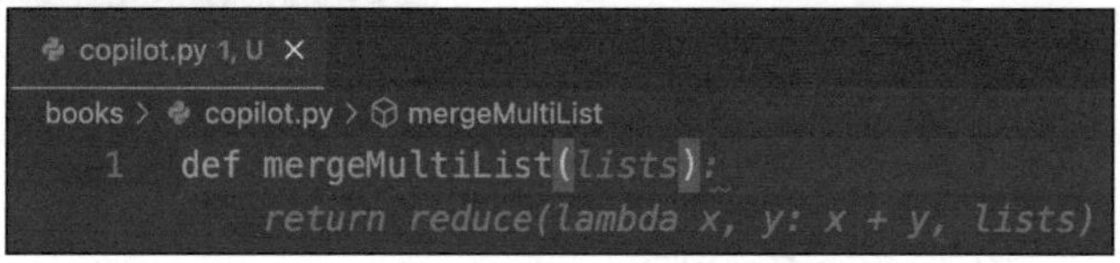

图 2-45　mergeMultiList() 函数的代码

自动生成的 mergeMulitList() 函数的代码看上去非常简单，只有 1 行，不过仔细看，就会发现有问题，mergeMultiList() 函数调用了一个 reduce() 函数，这个函数并不是 Python 内置函数，我们也没有实现这个函数，那么 reduce() 函数到底是什么呢？

实际上，reduce() 函数的作用就是通过 lambda 表达式两两合并列表，最终达到合并多个列表的目的。但 reduce() 函数还不存在，幸好 GitHub Copilot 支持上下文，我们可以在 mergeMultiList() 函数的前面输入下面的代码。

```
def reduce(
```

输入之后，GitHub Copilot 就会自动为 reduce 函数生成图 2-46 所示的代码，按 Tab 键，GitHub Copilot 会将 reduce() 函数的代码插入当前文件中。为 mergeMultiList() 函数生成测试用例，如图 2-47 所示。

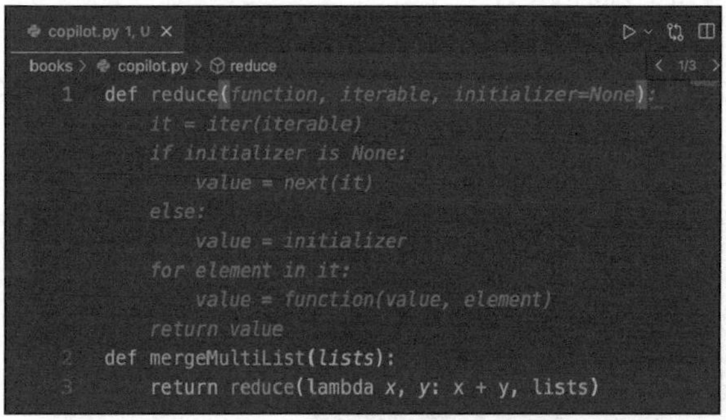

图 2-46　自动生成 reduce() 函数的代码

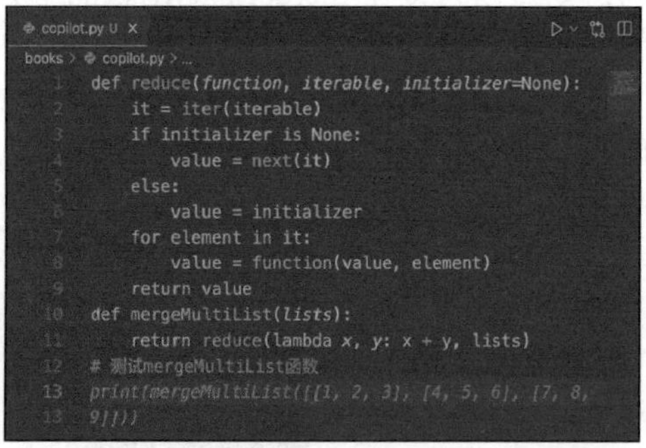

图 2-47　为 mergeMultiList() 函数生成测试用例

现在运行程序，将会输出如下内容。

```
[1, 2, 3, 4, 5, 6, 7, 8, 9]
```

2.3.5　分步生成测试用例

如果你觉得 2.3.4 节中生成的测试用例太简单，可以分步生成测试用例。例如，输入下面的注释，先让 GitHub Copilot 自动生成 5 个列表。

```
# 定义 5 个列表变量，并初始化，每个列表包含 2 到 10 个元素
```

GitHub Copilot 不会一次性生成 5 个列表，而是一个一个地生成，所以需要不断地按 Enter 键。如果按 Enter 键后没有生成下一个列表，可以再按一下 Tab 键。

生成完 5 个列表后，再输入如下注释。

```
# 调用
```

别看只输入了两个字的注释，GitHub Copilot 已经能够猜到你要做什么，它会将注释补全为如下内容。

```
# 调用 mergeMultiList() 函数，将 5 个列表合并为一个列表
```

按 Tab 键插入补全的注释后，再按 Enter 键，就会生成调用 mergeMultiList() 函数以合并前面生成的 5 个列表的代码，按 Tab 键插入生成的调用代码，再按 Enter 键，这一次什么都不用写，就会自动生成输出合并结果的代码。完整的生成过程如图 2-48 所示。

```
12    # 定义5个列表变量，并初始化，每个列表包含2到10个元素
13    list1 = [1, 2, 3]
14    list2 = [4, 5, 6, 7]
15    list3 = [8, 9, 10]
16    list4 = [11, 12, 13, 14, 15]
17    list5 = [16, 17, 18, 19, 20, 21]
18    # 调用mergeMultiList()函数，将5个列表合并为一个列表
19    list6 = mergeMultiList([list1, list2, list3,
      list4, list5])
20    print(list6)  # 输出: [1, 2, 3, 4, 5, 6, 7, 8, 9,
      10, 11, 12, 13, 14, 15, 16, 17, 18, 19, 20, 21]
```

图 2-48　完整的生成过程

这种分步生成代码的方式不仅可以用于生成测试用例，还可以用于生成任何复杂的程序。

2.3.6　自动生成各种语句的架构

如果对编程语言中某些语句的语法结构不熟悉，或者语法结构太复杂，则可以借助 GitHub Copilot 自动生成语句的架构。

输入如下代码，GitHub Copilot 会自动生成完整的 for 语句结构，如图 2-49 所示。

```
for i
```

如果想使用 if 语句，也可以通过输入 if 来自动生成剩下的部分，如图 2-50 所示。

```
-if
```

图 2-49　自动生成完整的 for 语句结构　　　　图 2-50　自动生成完整的 if 语句结构

2.3.7　生成多个候选解决方案

如果使用 Tab 键生成解决方案，那么对于一些复杂的代码，可能需要一行一行地生成（需要不断地按 Enter 键和 Tab 键），比较麻烦。例如，输入下面的注释。

用 Flask 实现一个服务端程序，只支持 GET 请求，请求的参数是一个字符串，返回一个字符串。

按 Enter 键后，再按 Tab 键，只能生成一行注释或代码，需要不断地按 Enter 键和 Tab 键才能生成完整的代码，而且一旦生成的代码不对，可能又要重新生成。为了解决这个问题，GitHub Copilot 提供了生成多个候选解决方案的功能，具体的做法就是在注释中按 Ctrl + Enter 组合键，这将显示一个新的选项卡（即解决方案选项卡），默认会自动生成 10 个解决方案，如图 2-51 所示。

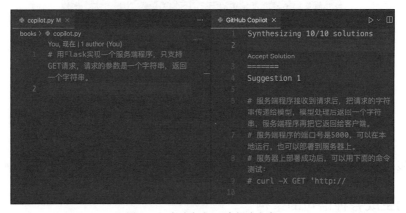

图 2-51　自动生成 10 个解决方案

用户可以浏览这 10 个解决方案，如果觉得哪一个解决方案满足自己的需求，那么可以单击 Accept Solution 链接，将这个解决方案的所有内容插入源代码文件（copilot.py）中（插入注释下一行的位置），插入选中的解决方案后，解决方案选项卡就会自动关闭。

如果想修改 GitHub Copilot 默认生成的解决方案的数量，可以进入 Visual Studio Code 的设置选项卡[①]，然后输入 Copilot，搜索出 GitHub Copilot 的高级配置，如图 2-52 所示。单击"在

———————————
① 在 Windows 系统和 Linux 系统中，按"Ctrl +,"组合键；在 macOS 中，按"Command +,"组合键。

48

settings.json 中编辑"链接，找到下面的代码，将 10 改成其他整数即可。

图 2-52 GitHub Copilot 的高级配置界面

```
"github.copilot.advanced": {
    "listCount": 10
}
```

经过测试，GitHub Copilot 在生成多个解决方案上做得并不好，有时生成的 10 个解决方案都无法满足用户的要求，远不如直接使用 ChatGPT 生成的解决方案。对于这样的需求，使用 ChatGPT 生成代码，几乎 100%成功，而且还会提供完整的测试用例和必要的注释。所以，如果要生成完整的解决方案，推荐直接使用 ChatGPT；而如果要生成简单或局部的代码，推荐使用 GitHub Copilot。第 3 章将详细介绍如何使用 ChatGPT 生成代码。

2.3.8 检查和弥补安全漏洞

使用 GitHub Copilot 可以检查和弥补安全漏洞。例如，下面的 Python 代码使用 SQL 语句查询 users 表，很明显，这段代码有一个 SQL 注入漏洞，但对于新手，可能无法察觉这个漏洞，所以可以使用 GitHub Copilot 检查这段代码是否有安全漏洞。

```python
import sqlite3

connection = sqlite3.connect("example.db")
cursor = connection.cursor()
id = 30

query = "SELECT * FROM users WHERE id = " + str(id)
cursor.execute(query)
```

在上述代码的最后输入如下注释：

```
# 检查上面的代码是否有安全漏洞
```

然后不断地按 Enter 键和 Tab 键，GitHub Copilot 会逐行输出这段代码是否有安全漏洞，以及如何弥补找到的安全漏洞。注意，每次检查的结果可能不同，图 2-53 是其中一种可能的回复可以看出，GitHub Copilot。已经正确地检测出了 SQL 注入漏洞，并提供了弥补该漏洞的解决方案。

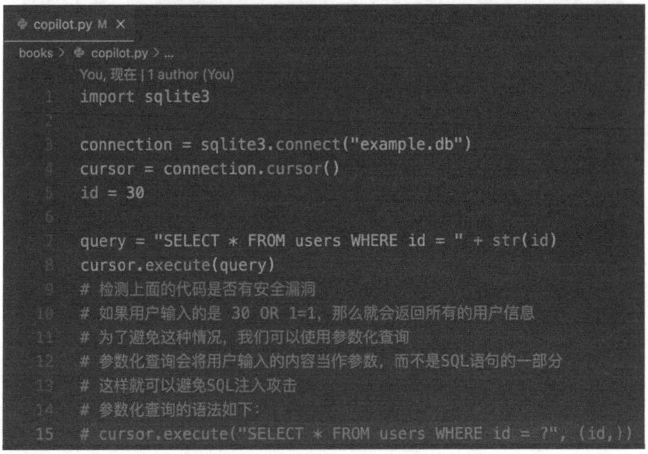

图 2-53　检测和弥补安全漏洞

如果不想一行一行地生成代码和注释，可以在注释的后面直接按 Ctrl + Enter 组合键，这将弹出 GitHub Copilot 选项卡，其中给出了若干漏洞检测结果（见图 2-54，默认是 10 个），这个漏洞检测方案一般不需要直接插入代码中，所以检测结果即使不完全准确也无所谓，只是提示了大概哪里有安全漏洞，通常安全漏洞还是需要手动弥补的。弥补安全漏洞的难度并不高，而检测安全漏洞的难度高，这正好是 GitHub Copilot 的强项。所以我们通常先使用 GitHub Copilot 检测代码中的漏洞，至少要知道哪里可能有漏洞，之后再通过人工检查的方式确定和弥补这些漏洞，这样可以极大提高漏洞检测的效率和准确性。

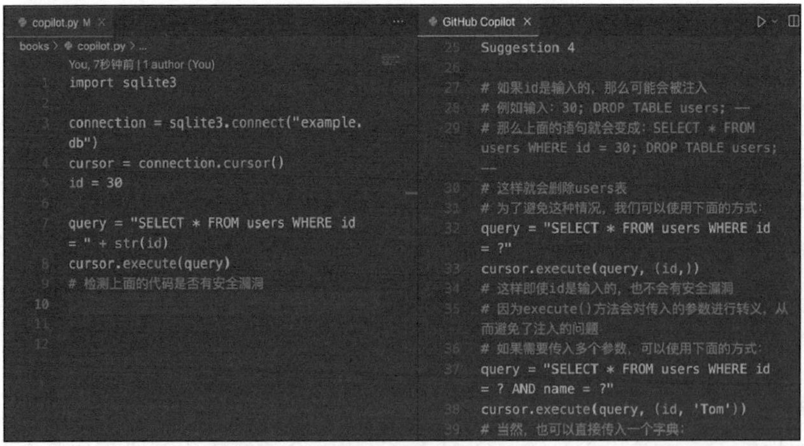

图 2-54　生成多种检测安全漏洞的方案

2.3.9 生成多种代码转换方案

GitHub Copilot 可以实现不同编程语言之间的代码转换。图 2-55 的左侧是一个用 Python 实现的冒泡排序算法函数，名为 bubble_sort，在代码的下方输入如下注释。

```
# 将上面的 Python 代码转换为 Java 代码
```

然后按 Ctrl + Enter 组合键，打开 GitHub Copilot 选项卡，其中生成了 10 种转换方案，如图 2-55 的右侧所示。用户可以选择其中一种转换方案，将代码复制到 Java 文件中。在这种情况下不能插入，否则仍会插入 Python 文件中。

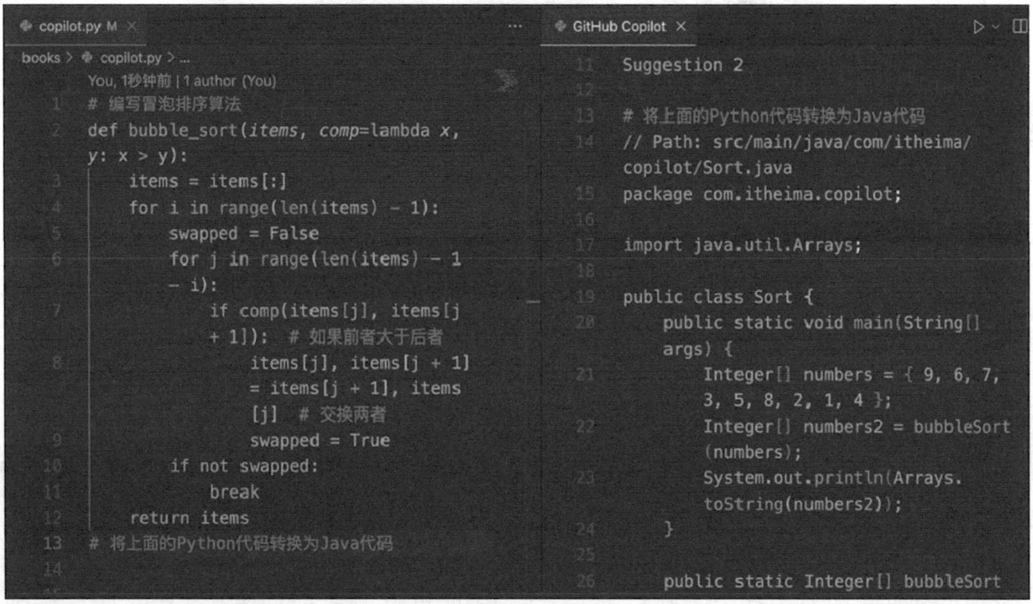

图 2-55　将 Python 代码转换为 Java 代码

2.3.10 转换注释中的代码

可以将待转换的代码放到注释中，然后在包含代码的注释的后面再添加一行如下注释。

```
// 将前面注释中的 Python 代码转换为 JavaScript 代码
```

按 Enter 键和 Tab 键，就会将注释中的代码转换为当前文件所属语言的代码。例如，在图 2-56 中，注释中的 Python 代码已转换为 JavaScript 代码，因为，GitHub Copilot 将 copilot.js 文件识别为 JavaScript 文件，所以会在注释的后面生成对应的 JavaScript 代码。

```js
copilot.js U ×
books > JS copilot.js > ...
  1    /*
  2    def bubbleSort(arr):
  3        n = len(arr)
  4        for i in range(n):
  5            for j in range(0, n - i - 1):
  6                if arr[j] > arr[j + 1]:
  7                    arr[j], arr[j + 1] = arr[j + 1], arr[j]
  8    # 为bubbleSort函数生成测试代码
  9    arr = [64, 34, 25, 12, 22, 11, 90]
 10    bubbleSort(arr)
 11    print("排序后的数组:")
 12    for i in range(len(arr)):
 13        print("%d" % arr[i])
 14
 15    */
 16    // 将前面注释中的Python代码转换为JavaScript代码
 17    function bubbleSort(arr) {
 18        var n = arr.length;
 19        for (var i = 0; i < n; i++) {
 20            for (var j = 0; j < n - i - 1; j++) {
 21                if (arr[j] > arr[j + 1]) {
 22                    // 交换元素
 23                    var temp = arr[j];
 24                    arr[j] = arr[j + 1];
 25                    arr[j + 1] = temp;
 26                }
```

图 2-56　转换注释中的代码

2.3.11　使用 GitHub Copilot Labs 进行代码转换

GitHub Copilot Labs 是一个实验性质的插件，包含很多新颖的功能。使用这些功能需要在 Visual Studio Code 中安装 GitHub Copilot Labs 扩展。在 Visual Studio Code 的"扩展：商店"中搜索 GitHub Copilot Labs，就会在搜索结果中看到 GitHub Copilot Labs 插件，如图 2-57 所示。如果还没有安装，单击"安装"按钮即可安装该插件；如果已经安装，则不会显示"安装"按钮，直接忽略即可。

图 2-57　搜索 GitHub Copilot Labs 插件

安装完 GitHub Copilot Labs 插件后，单击 GitHub Copilot Labs 图标（图 2-58 左侧的最后一个图标），就会切换到 GitHub Copilot Labs 界面，如图 2-58 所示。上半部分是代码转换设置，下半部分是各种代码笔刷。

选中要转换的代码，选中的代码就会显示在 GitHub Copilot Labs 界面的上方，然后选择目标语言，最后单击 Ask Copilot 按钮开始进行代码转换，Ask Copilot 按钮的下方将会生成目标语言的代码，如图 2-59 所示。

图 2-58　GitHub Copilot Labs 界面

图 2-59　使用 GitHub Copilot Labs 进行代码转换

2.3.12 使用 GitHub Copilot Labs 为代码列出实现步骤

在 GitHub Copilot Labs 界面的下半部分，有一个 LIST STEPS 按钮，选择一段代码，然后单击该按钮，就会自动为这段代码添加实现步骤，也就是关键的注释，如图 2-60 所示。

图 2-60 列出代码的实现步骤

列出了实现步骤的完整代码如下。

```javascript
function bubbleSort(arr) {
    // 获取数组长度
    var n = arr.length;
    // 第一层循环，从第一个元素开始，到最后一个元素
    for (var i = 0; i < n; i++) {
        // 第二层循环，从第一个元素开始，到倒数第二个元素
        for (var j = 0; j < n - i - 1; j++) {
            // 如果前一个元素大于后一个元素
            if (arr[j] > arr[j + 1]) {
                // 交换元素
                var temp = arr[j];
                arr[j] = arr[j + 1];
                arr[j + 1] = temp;
            }
        }
    }
}
```

注意，有时生成的注释可能是英文的，在这种情况下，多生成几次就变成中文了。

2.3.13　利用注释探讨问题

注释不仅可以控制如何生成代码，还可以像 ChatGPT 一样讨论问题。例如，图 2-61 展示了用 Go 语言编写的一段代码。其中的 isLetter()函数用于识别字符是否为字母，该函数接收一个 rune 类型的参数。name 参数是 string 类型，现在需要将 name[0]作为参数传入 isLetter()函数，但 isLetter(name[0])是有错误的，我们可以通过注释循环 GitHub Copilot，看看这个错误到底如何解决。最后，GitHub Copilot 认为需要进行类型转换，使用 isLetter(rune(name[0]))。

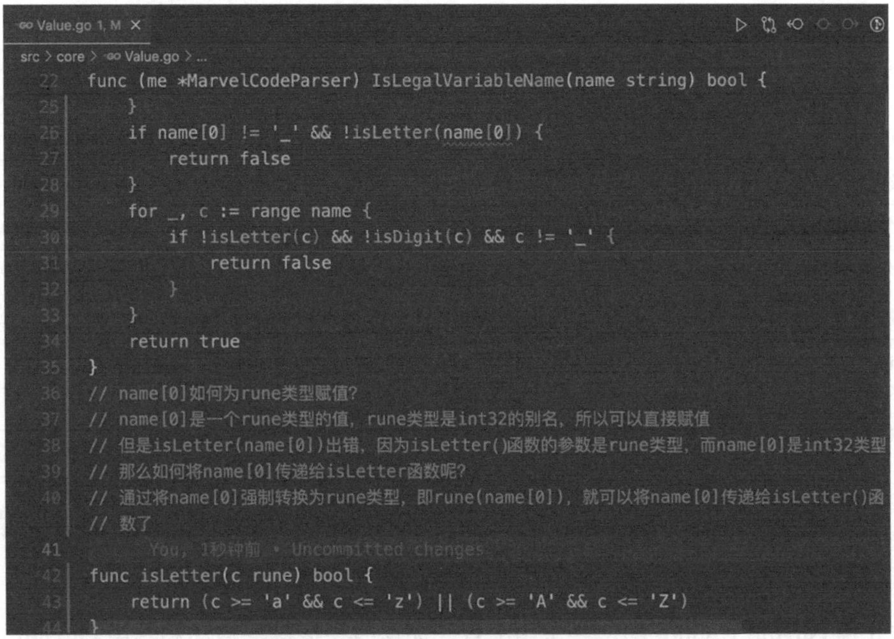

```go
src > core > ∞ Value.go
 22   func (me *MarvelCodeParser) IsLegalVariableName(name string) bool {
 25   }
 26       if name[0] != '_' && !isLetter(name[0]) {
 27           return false
 28       }
 29       for _, c := range name {
 30           if !isLetter(c) && !isDigit(c) && c != '_' {
 31               return false
 32           }
 33       }
 34       return true
 35   }
 36   // name[0]如何为rune类型赋值？
 37   // name[0]是一个rune类型的值，rune类型是int32的别名，所以可以直接赋值
 38   // 但是isLetter(name[0])出错，因为isLetter()函数的参数是rune类型，而name[0]是int32类型
 39   // 那么如何将name[0]传递给isLetter函数呢？
 40   // 通过将name[0]强制转换为rune类型，即rune(name[0])，就可以将name[0]传递给isLetter()函
 41   // 数了
        You, 1秒钟前 • Uncommitted changes
 42   func isLetter(c rune) bool {
 43       return (c >= 'a' && c <= 'z') || (c >= 'A' && c <= 'Z')
 44   }
```

图 2-61　与 GitHub Copilot 探讨问题

2.4　GitHub Copilot 在 Visual Studio Code 中的快捷键

本节介绍 GitHub Copilot 在 Visual Studio Code 中常用功能的快捷键。在 Windows 系统和 Linux 系统中，Visual Studio Code 的快捷键是相同的；但在 macOS 中，Visual Studio Code 的快捷键与 Windows 系统和 Linux 系统相比有一定的差异。表 2-1 列出了 Windows 系统和 Linux 系统中 Visual Studio Code 的快捷键。表 2-2 列出了 macOS 中 Visual Studio Code 的快捷键。

表 2-1　Windows 系统和 Linux 系统中 Visual Studio Code 的快捷键

操作	快捷键	命令
接受内联建议	Tab	editor.action.inlineSuggest.commit
忽略内联建议	Esc	editor.action.inlineSuggest.hide
显示下一个内联建议	Alt +]	editor.action.inlineSuggest.showNext
显示上一个内联建议	Alt + [	editor.action.inlineSuggest.showPrevious
触发内联建议	Alt + \	editor.action.inlineSuggest.trigger
打开 GitHub Copilot（单独窗格中的其他建议）	Ctrl + Return	github.copilot.generate
开启/关闭 GitHub Copilot	没有默认的快捷方式	github.copilot.toggleCopilot

表 2-2　macOS 中 Visual Studio Code 的快捷键

操作	快捷键	命令
接受内联建议	Tab	editor.action.inlineSuggest.commit
忽略内联建议	Esc	editor.action.inlineSuggest.hide
显示下一个内联建议	Option(⌥) +]	editor.action.inlineSuggest.showNext
显示上一个内联建议	Option(⌥) + [	editor.action.inlineSuggest.showPrevious
触发内联建议	Option(⌥) + \	editor.action.inlineSuggest.trigger
打开 GitHub Copilot（单独窗格中的其他建议）	Command + Return	github.copilot.generate
开启/关闭 GitHub Copilot	没有默认的快捷方式	github.copilot.toggleCopilot

2.5　配置 GitHub Copilot

本节介绍 GitHub Copilot 的一些常用配置，如修改快捷键、启动和禁用 GitHub Copilot、启用和禁用内联建议、撤销和重新授权 GitHub Copilot 等。

2.5.1　修改 GitHub Copilot 的快捷键

要在 macOS 中启动 Visual Studio Code，从菜单栏中选择 Code →"首选项"→"键盘快捷方式"选项，如图 2-62 所示，打开"键盘快捷方式"选项卡。

要在 Windows 系统或 Linux 系统中启动 Visual Studio Code，从菜单栏中选择"文件"→"首选项"→"键盘快捷方式"选项，打开"键盘快捷方式"选项卡。

图 2-62　选择 Code→"首选项"→
"键盘快捷方式"选项

在"键盘快捷方式"选项卡的搜索框中，输入表 2-1 中每一个操作对应的命令，即可直接定位到该操作。例如，输入 editor.action.inlineSuggest.commit，就会直接定位到"接受内联建议"操作，默认的快捷键是 Tab 键，如图 2-63 所示。当然，也可以直接输入操作描述来定位某个操作，不过这有可能过滤出多个操作。

图 2-63　定位到"接受内联建议"操作

双击快捷键单元格（本例的快捷键是 Tab 键），将弹出图 2-64 所示的界面，按下想要设置的键，然后按 Enter 键使设置生效。

图 2-64　设置快捷键

2.5.2　启用或禁用 GitHub Copilot

要启用或禁用 GitHub Copilot，可以单击 Visual Studio Code 右下角的 GitHub Copilot 图标。如果当前在 Visual Studio Code 中没有打开任何文件，或者打开的文件不是 GitHub Copilot 支持的类型（非编程语言代码文件），那么 Visual Studio Code 的右下角会显示图 2-65 所示的消息框，单击其中的 Disable Globally 按钮，就会全局禁止 GitHub Copilot。

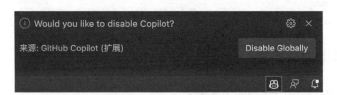

图 2-65　全局禁止 GitHub Copilot

如果 Visual Studio Code 当前正好打开了 GitHub Copilot 支持的文件类型，如 Python 源代码文件，那么弹出的消息框中将会多出 Disable for python 按钮（如果打开的是其他编程语言的代码文件，如 Java 源代码文件，就会出现 Disable for java 按钮），如图 2-66 所示，单击该按钮，就只会禁止对 Python 语言使用 GitHub Copilot。

禁用 GitHub Copilot 后，Disable 会变为 Enable，再次单击相应的按钮，就会重新启用 GitHub Copilot。

图 2-66　禁止对特定的编程语言使用 GitHub Copilot

2.5.3　批量启用或禁用 GitHub Copilot

打开 settings.json 文件，找到如下配置。

```
"github.copilot.enable": {
    "*": true,
     "plaintext": false,
     "markdown": false,
     "scminput": false,
     "go": true
}
```

如果"*"的值是 true，则表示全局启动 GitHub Copilot；如果改为 false，则表示全局禁用 GitHub Copilot。如果可以单独打开某种编程语言的 GitHub Copilot，比如将"go"设置为 true，那么即使全局 GitHub Copilot 被关闭，Go 语言的 GitHub Copilot 也仍然会被打开，如下所示。

```
"github.copilot.enable": {
    "*": false,
     "plaintext": false,
     "markdown": false,
     "scminput": false,
     "go": true
}
```

2.5.4　启用或禁用内联建议

打开 settings.json 文件，找到如下配置。

```
"editor.inlineSuggest.enabled": true
```

将"editor.inlineSuggest.enabled"的值改为 false，就会禁用内联建议；若改回 true，则会启用内联建议。

2.5.5　撤销 GitHub Copilot 授权

Visual Studio Code 会保留授权，以通过特定的 GitHub 账户使用 GitHub Copilot。如果想要防止在没有访问权限的设备上将 GitHub 账户用于 GitHub Copilot，则可以撤销授权，然后再次完成授权过程。这样设置之后，以前使用的设备将不具有新的授权。

撤销授权的步骤如下。

（1）在 GitHub 登录页面上单击右上角的图标，在弹出的菜单中单击 Settings 选项。

（2）进入 Settings 页面，选择左侧的 Integrations → Applications，右侧将显示图 2-67 所示的 Applications 页面。

图 2-67　Applications 页面

（3）选择 Applications 页面中的 Authorized OAuth Apps 标签，如图 2-68 所示。

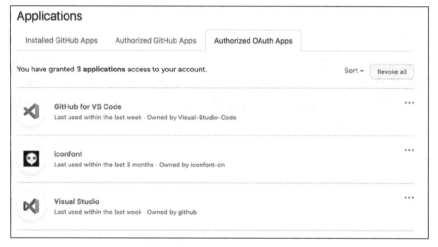

图 2-68　选择 Authorized OAuth Apps 标签

（4）单击 GitHub for VS Code 右侧的 "..."，弹出图 2-69 所示的授权菜单。

（5）选择 Revoke 选项，即可撤销 GitHub 对 Visual Studio Code 的授权，与此同时，GitHub for VS Code 这一项也会被删除。

图 2-69　授权菜单

2.5.6　重新授权 GitHub Copilot

为了重新授权 GitHub Copilot，我们首先需要在 Visual Studio Code 中注销 GitHub 账户。单击 Visual Studio Code 左下角的用户图标，在弹出的菜单中选择"注销"选项，如图 2-70 所示。

图 2-70　注销 GitHub 账户

注销 GitHub 账户后，就可以重新使用 2.2.1 节介绍的方式再次使用 GitHub 账户进行登录和授权。

2.6　小结

通过学习本章，读者应该掌握 GitHub Copilot 的基本用法，如通过 GitHub Copilot 补全各种类型的代码，以及自动生成代码等。不过，GitHub Copilot 是收费的。有没有能够与 GitHub Copilot 相媲美而且免费的解决方案呢？答案是肯定的，而且不止一个，例如，Amazon CodeWhisperer 与国产的 CodeGeeX 都是很好的替代方案。第 3 章将介绍如何利用 Amazon CodeWhisperer、CodeGeeX 等 AI 代码生成工具提高编码效率。

第3章 更多 AI 代码生成解决方案

目前市面上已经有很多 AI 代码生成工具了，总不能一直依靠 GitHub Copilot，而且 GitHub Copilot 是收费的。本章将介绍更多的 AI 代码生成工具，其中包括大名鼎鼎的 ChatGPT 以及同类产品 New Bing、Bard 和 Claude。另外，还有 GitHub Copilot 的替代工具 CodeGeeX 和 Amazon CodeWhisperer。有了这些 AI 代码生成工具，我们在工作中就会如虎添翼，享受一种从未有过的美妙体验。

3.1 ChatGPT

本节主要介绍如何使用 ChatGPT 让各种与编码相关的工作自动化。注意，ChatGPT 只相当于一个参谋，自己才是三军主帅，最终拿主意的是你自己。尽管 ChatGPT 可以完成很多编码工作，但是 ChatGPT 并不保证生成的代码一定是正确的和最优化的，只能作为参考。所以，ChatGPT 并不能完全取代程序员的工作，只能提高程序员的工作效率，至于能提高多少，因人而异，也许是 30%，也许是 300%，甚至是 1000%，这与程序员本身的能力有关。从理论上来说，程序员的能力越强，工作效率的提高幅度越大。总之，ChatGPT 会让强者变得更强，但不一定能让弱者变强。

3.1.1 生成完整的代码

ChatGPT 最擅长的就是生成代码，而且是生成完整的、可运行的代码。对于目前已经存在的编程语言（如 Python、C++、C、Java、Go、JavaScript、Rust、C#等），在大多数情况下，ChatGPT 可以按照我们的要求生成基本正确的源代码。但要注意，生成的代码越复杂，描述就要越准确，否则 ChatGPT 可能无法准确理解我们的需求。

下面这段文字描述了对所要生成的 Python 源代码的要求。

"编写 Python 程序，在当前目录下创建一个名为 data.txt 的文本文件，并随机地向该文件中写入 10 个单词，一行一个单词。然后关闭 data.txt 文件。接下来读取 data.txt 文件中的所有单词，将这些单词放在列表中，并按 ASCII 升序排列它们，最后在终端用一行输出这些单词，单词之间用逗号分隔。给出详细的代码和中文注释。"

在 ChatGPT 中输入这段文字并按 Enter 键后，ChatGPT 很快就会生成包含注释在内的代码，如图 3-1 所示。

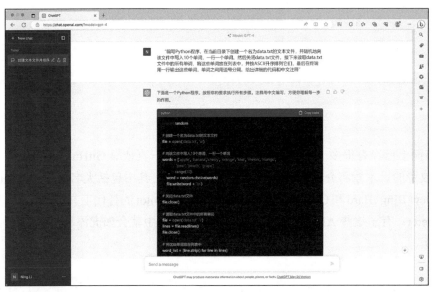

图 3-1　自动生成代码

ChatGPT 生成的完整代码如下。

代码位置：/src/others_ai_tools/data.py

```python
import random

# 创建一个名为data.txt的文本文件
file = open('data.txt', 'w')

# 随机地向该文件中写入10个单词，一行一个单词
words = ['apple', 'banana', 'cherry', 'orange', 'kiwi', 'melon', 'mango',
         'pear', 'peach', 'grape']
for _ in range(10):
    word = random.choice(words)
    file.write(word + '\n')

# 关闭data.txt文件
file.close()

# 读取data.txt文件中的所有单词
file = open('data.txt', 'r')
lines = file.readlines()
```

```
file.close()

# 将这些单词放在列表中
word_list = [line.strip() for line in lines]

# 按 ASCII 升序排列这些单词
word_list.sort()

# 在终端用一行输出这些单词，单词之间用逗号分隔
print(','.join(word_list))
```

运行程序，即可在当前目录下生成 data.txt 文件，并在终端输出如下内容。

```
apple,banana,banana,cherry,mango,melon,orange,orange,peach,pear
```

注意，由于单词是随机生成的，因此 data.txt 文件中的单词有可能是重复的，而且每次输出到终端的内容是不同的。

3.1.2 代码转换

ChatGPT 支持上下文，只要不重新开启会话，ChatGPT 就会记得你以前做过什么。所以，只需要输入下面的一行文字，就可以将刚才生成的 Python 代码转换为 JavaScript 代码，这段代码需要使用 Node.js 来运行。

```
将这段 Python 代码转换为 JavaScript 代码
```

输入这行文字后，ChatGPT 就会进行代码转换，图 3-2 给出了转换后的输出（包含代码以及必要的注释和说明）。

图 3-2 将 Python 代码转换为 JavaScript 代码

生成的完整代码如下。

代码位置：/src/others_ai_tools/data.js

```javascript
const fs = require('fs');
const { promisify } = require('util');
const writeFile = promisify(fs.writeFile);
const readFile = promisify(fs.readFile);

// 创建一个名为 data.txt 的文本文件
// 随机地向该文件中写入 10 个单词，一行一个单词
async function writeWordsToFile() {
    const words = ['apple', 'banana', 'cherry', 'orange', 'kiwi', 'melon',
                   'mango', 'pear', 'peach', 'grape'];
    let content = '';

    for (let i = 0; i < 10; i++) {
        const word = words[Math.floor(Math.random() * words.length)];
        content += word + '\n';
    }

    await writeFile('data.txt', content);
}

// 读取 data.txt 文件中的所有单词
async function readWordsFromFile() {
    const data = await readFile('data.txt', 'utf-8');

    // 将这些单词放在数组中
    const wordList = data.trim().split('\n');

    // 按 ASCII 升序排列这些单词
    wordList.sort();

    // 在终端用一行输出这些单词，单词之间用逗号分隔
    console.log(wordList.join(','));
}

// 执行写入操作，然后读取文件
writeWordsToFile().then(() => {
    readWordsFromFile();
}).catch(err => {
    console.error(err);
});
```

使用 Node.js 运行程序，将输出如下内容。

```
banana,cherry,grape,grape,kiwi,mango,melon,melon,orange,orange
```

3.1.3 为代码添加注释

如果我们拿到了一段代码，但其中没有任何说明和注释，在这种情况下，我们也可以求助于 ChatGPT。例如，只要在 ChatGPT 中输入下面的内容，ChatGPT 就会为这段用 Python 写的冒泡排序算法添加详细的注释。

```
下面是一段用 Python 实现的冒泡排序算法程序及相关的测试程序，为这些代码添加详细的中文注释
def bubble_sort(a):
    for i in range(len(a)-1):
        for j in range(len(a)-1-i):
            if a[j] > a[j+1]:
                a[j], a[j+1] = a[j+1], a[j]
    return a


def test(sort_func):
    test_data = [4, 65, 2, -31, 0, 99, 2, 83, 782, 1]
    print(f'{sort_func.__name__:<25}', sort_func(test_data))

test(bubble_sort)
```

在输入这段文字后，ChatGPT 就会给出图 3-3 所示的输出。

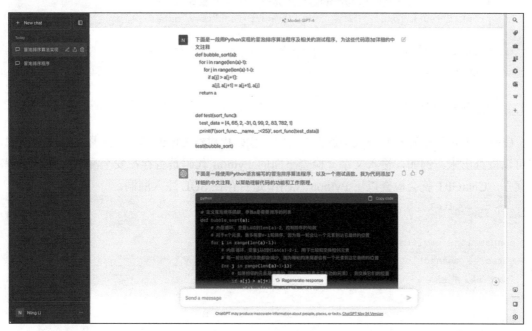

图 3-3　为代码添加注释

添加注释后的完整代码如下。

代码位置：/src/others_ai_tools/bubble_sort.py

```python
# 定义冒泡排序函数，参数 a 是需要排序的列表
def bubble_sort(a):
    # 外层循环，变量 i 从 0 到 len(a)-2，用于控制排序的轮数
    # 对于 n 个元素，最多需要 n-1 轮排序，因为每一轮会让一个元素到达它最终的位置
    for i in range(len(a)-1):
        # 内层循环，变量 j 从 0 到 len(a)-2-i，用于比较和交换相邻元素
        # 每一轮比较的次数都会减少，因为每轮的末尾都会有一个元素到达它最终的位置
        for j in range(len(a)-1-i):
            # 如果相邻的元素是逆序的（即左边的元素大于右边的元素），则交换它们的位置
            if a[j] > a[j+1]:
                a[j], a[j+1] = a[j+1], a[j]
    # 返回排序后的列表
    return a


# 定义测试函数，参数 sort_func 是要测试的排序函数
def test(sort_func):
    # 定义一组测试数据
    test_data = [4, 65, 2, -31, 0, 99, 2, 83, 782, 1]
    # 输出排序函数的名称和排序后的列表
    # 使用格式化字符串 f-string，通过 '<25' 来控制函数名的输出宽度
    print(f'{sort_func.__name__:<25}', sort_func(test_data))


# 调用测试函数，传入 bubble_sort 函数作为参数
test(bubble_sort)
```

3.1.4　检查和修补代码漏洞

　　ChatGPT 可以检查和修补代码漏洞，只要将代码提供给 ChatGPT，一些常见的漏洞或隐患就可以检查出来。例如，输入文字"检查下面的 Python 代码是否存在安全漏洞，并给出解决方案"，ChatGPT 就会检查以下 Python 代码中是否存在 SQL 注入漏洞。

```python
import sqlite3


connection = sqlite3.connect("example.db")
cursor = connection.cursor()
id = 30


query = "SELECT * FROM users WHERE id = " + str(id)
cursor.execute(query)
```

　　输入上面这行文字后，ChatGPT 会给出图 3-4 所示的回复。其中不仅指出了这段代码中存在 SQL 注入漏洞以及可能产生的后果，还给出了解决方案。

图 3-4 检查和修补代码漏洞

ChatGPT 给出的用于弥补 SQL 注入漏洞的代码如下。

代码位置：/src/others_ai_tools/db.py

```
import sqlite3

# 连接到 SQLite 数据库
connection = sqlite3.connect("example.db")
cursor = connection.cursor()
id = 30    # 这个值在实际应用中可能来自用户输入

# 使用参数化查询，而不是直接拼接字符串
query = "SELECT * FROM users WHERE id = ?"
cursor.execute(query, (id,))
```

从这段代码可以看出，解决 SQL 注入漏洞的方法就是使用 "?" 传递 SQL 参数，而不要直接使用字符串连接传递 SQL 参数。

3.2 New Bing

New Bing 是微软推出的融合生成式 AI 的新搜索引擎，它基于 GPT-4 的某个版本，只是训练数据与 ChatGPT 不同。New Bing 可以实时搜索互联网上的数据，并将它们作为最新的训练数据，这是 New Bing 相对于 ChatGPT 的优势。所以，如果所要生成的代码需要 2021 年 9 月以后的数据，那么最好使用 New Bing，例如爬虫应用，否则可能无法得到让人满意的结果。

就像在工作中往往需要团队作战一样，在使用生成式 AI 的过程中，也不妨效仿团队作战，将不同的生成式 AI 结合在一起。例如，下面这段代码是使用 ChatGPT 生成的冒泡排序算法

（Python 版）。

```
def bubble_sort(a):
    for i in range(len(a)-1):
        for j in range(len(a)-1-i):
            if a[j] > a[j+1]:
                a[j], a[j+1] = a[j+1], a[j]
    return a
```

这段代码没有任何问题，但并不是最优解，通常可以进一步优化。当然，你可以继续使用 ChatGPT 进行优化，不过最好新起一个会话，或者使用其他的生成式 AI 来帮助优化，例如 New Bing。可以在 New Bing 中输入下面的内容，让 New Bing 优化这段代码。

```
下面是用 Python 编写的冒泡排序算法，请优化一下这段代码，让其效率更高
def bubble_sort(a):
    for i in range(len(a)-1):
        for j in range(len(a)-1-i):
            if a[j] > a[j+1]:
                a[j], a[j+1] = a[j+1], a[j]
    return a
```

输入完之后，按 Enter 键，New Bing 就会输出图 3-5 所示的内容。

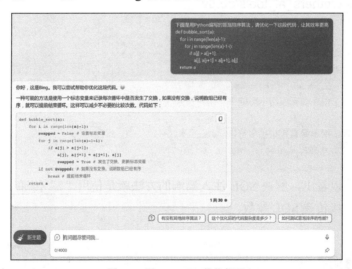

图 3-5　用 New Bing 优化代码

经过 New Bing 优化后的代码如下。

代码位置：/src/others_ai_tools/bubble_sort_new.py

```
def bubble_sort(a):
    for i in range(len(a)-1):
        swapped = False # 设置标志变量
        for j in range(len(a)-1-i):
            if a[j] > a[j+1]:
```

```
                a[j], a[j+1] = a[j+1], a[j]
                swapped = True  # 发生了交换，更新标志变量
        if not swapped:  # 如果没有交换，说明数组已经有序
            break  # 提前结束循环
    return a
```

这段代码的基本原理是，当冒泡排序算法从左到右扫描到某个元素后，如果发现该元素之前的所有元素都是有序的，就不需要排序了，所以直接退出最外层循环，通过 swapped 变量进行控制。

3.3 Bard

Bard 是 Google 推出的生成式 AI，不过在生成式 AI 方面，Google 目前是落后的。在写作本书时，Bard 刚刚支持中文，但它对中文的理解可能不尽如人意，希望 Bard 以后会有更强的中文理解能力。如果期望 Bard 有更好的回复，使用英文提问是最好的方式。如果英文不太好，可以使用 Google 翻译，直接将中文翻译成英文，然后再向 Bard 提问。如果回复是英文的，可以再用 Google 翻译将英文翻译成中文，或者要求 Bard 用中文回复。

下面使用英文要求 Bard 完成与 3.2 节同样的代码优化任务。

```
The following is a bubble sort algorithm written in Python, please optimize
this code to make it more efficient
def bubble_sort(a):
    for i in range(len(a)-1):
        for j in range(len(a)-1-i):
            if a[j] > a[j+1]:
                a[j], a[j+1] = a[j+1], a[j]
    return a
```

输入完之后，按 Enter 键，Bard 就会回复图 3-6 所示的内容。

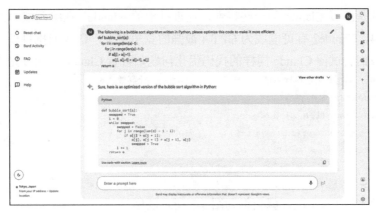

图 3-6　Bard 回复的内容

经过 Bard 优化后的代码如下。

代码位置： /src/others_ai_tools/bubble_sort_bard.py

```
def bubble_sort(a):
    swapped = True
    i = 0
    while swapped:
        swapped = False
        for j in range(len(a) - 1 - i):
            if a[j] > a[j + 1]:
                a[j], a[j + 1] = a[j + 1], a[j]
                swapped = True
        i += 1
    return a
```

可以看出，经过 Bard 优化后的代码和经过 New Bing 优化后的代码在原理上完全相同，它们都通过 swapped 变量控制最外层循环是否退出，并且如果剩下待排序的序列已经有序，它们也都直接退出最外层循环。唯一的区别是，Bard 将最外层循环改成了 while 循环，而 New Bing 仍然使用源代码中的 for 循环。

3.4　Claude

Claude 尽管没有 ChatGPT、New Bing 和 Bard 出名，但它十分好用，差不多与 GPT-3.5 类似。不过，Claude 在生成代码方面可能略逊于 GPT-3.5，因为 Claude 被训练得想象力太丰富了，有时会无中生有地创造一些根本不存在的函数、方法或类，以及一些根本行不通的用法。由于想象力丰富，Claude 比较适合探讨深奥的哲学问题，例如，我们是谁，我们从哪里来，我们要去往何方。

上面描述的是旧版 Claude 的一些特性，最近推出的 Claude2 在编码能力方面有了极大增强，直逼 GPT-4，Claude2 有可能成为 GPT-4 最强的竞争对手，让我们拭目以待！

接下来，我们尝试问 Claude 同样的代码优化问题，看看 Claude 的回复是否准确。

```
下面是用 Python 编写的冒泡排序算法，请优化一下这段代码，让其效率更高
def bubble_sort(a):
    for i in range(len(a)-1):
        for j in range(len(a)-1-i):
            if a[j] > a[j+1]:
                a[j], a[j+1] = a[j+1], a[j]
    return a
```

输入完之后，按 Enter 键，就会得到图 3-7 所示的回复。

图 3-7 Claude 的回复

经过 Claude 优化后的代码如下。

代码位置：/src/others_ai_tools/bubble_sort_claude.py

```python
def bubble_sort(a):
    is_sorted = False    # 默认未排序
    length = len(a)
    while not is_sorted:
        is_sorted = True
        for j in range(length-1):
            if a[j] > a[j+1]:
                is_sorted = False
                a[j], a[j+1] = a[j+1], a[j]
        length -= 1
    return a
```

综上所述，Claude、Bard 和 New Bing 在优化冒泡排序算法上基本一致，只是 Claude 将 swapped 变量换成了 is_sorted 变量，其他的实现在原理上是完全相同的。如果想要完成更复杂的任务，生成的代码可能就不一定 100%准确了，尤其在需要调用大量 API 的情况下，使用 ChatGPT、New Bing、Bard 和 Claude 时更要注意这一点。

3.5 GitHub Copilot 的免费版本——CodeGeeX

本节主要介绍 CodeGeeX 的发展历程、特点以及安装、注册和登录的过程。此外，本节还将介绍 CodeGeeX 的主要功能，它们基本与 GitHub Copilot 的功能对应，而且 CodeGeeX 是免费的，所以对于不想花钱的读者，CodeGeeX 是一个很好的选择。

3.5.1　CodeGeeX 简介

CodeGeeX 是由清华大学计算机系的唐杰教授团队和华为诺亚方舟实验室的杨志林博士团队联合开发的，是一个具有 130 亿参数的多编程语言代码生成预训练模型。

CodeGeeX 的目标是利用大规模预训练模型来实现程序合成，即根据自然语言描述或代码片段生成可执行的代码。

CodeGeeX 是在 2022 年 6 月开始训练的，它使用鹏城实验室"鹏城云脑 II"中的 192 个节点（共 1536 个国产昇腾 910 AI 处理器），在 23 种编程语言的 8500 亿个代码标记上进行了预训练。

CodeGeeX 在 2022 年 9 月公开了它的代码、模型权重、API、扩展和 HumanEval-X 基准测试，以促进多语言程序合成领域的研究和应用。

CodeGeeX 团队在 2023 年 3 月发表了一篇论文，介绍了它的架构、数据集、实现和评估，并在 HumanEval-X 基准测试上展示了它在多语言代码生成和翻译任务上的优越性能。

CodeGeeX 具有以下特点。

- 高精度代码生成：CodeGeeX 支持生成 Python、C++、Java、JavaScript 和 Go 等多种主流编程语言的代码，在 HumanEval-X 代码生成任务上取得了 47%~60% 的求解率，较其他开源基线模型有更佳的平均性能。

- 跨语言代码翻译：CodeGeeX 支持将代码片段从一种语言转换为另一种语言，只需要一键，CodeGeeX 就可以将程序转换为任意期望的语言，并保持高度的准确性。

- 可定制化编程助手：CodeGeeX 免费提供 Visual Studio Code 扩展，支持代码补全、解释、摘要等功能，能为用户提供更好的编码体验。

- 开源和跨平台：所有代码和模型权重都公开可用于研究目的。CodeGeeX 支持 Ascend 和 NVIDIA 平台，并且支持在单个 Ascend 910、NVIDIA V100 或 A100 芯片上进行推理。

- 回答任何问题：CodeGeeX 的功能要比 GitHub Copilot 强大，CodeGeeX 相当于 GPT 模型，它不仅可以回答编程问题，还可以回答其他问题，比如"你觉得人类未来的命运会如何，是走向繁荣，还是走向衰落，甚至灭亡？"。尽管有时回答不尽如人意，但至少比 GitHub Copilot 强。

- 免费：这是最关键的一点，CodeGeeX 完全免费。然而，GitHub Copilot 是收费的，而且部分功能仍处在测试之中。

所以，CodeGeeX 完全可以成为 GitHub Copilot 的平替（即平价替代品）。

3.5.2 安装 CodeGeeX

CodeGeeX 支持 Visual Studio Code 和 JetBrains IDE。本小节主要介绍如何在 Visual Studio Code 中安装 CodeGeeX。在 JetBrains IDE 中安装 CodeGeeX 的详细步骤可以参考 CodeGeeX 官方文档。

为了在 Visual Studio Code 中安装 CodeGeeX，只需要在 Visual Studio Code 的"扩展"商店中搜索 CodeGeeX，就可以找到图 3-8 所示的 CodeGeeX，单击"安装"按钮即可安装 CodeGeeX。

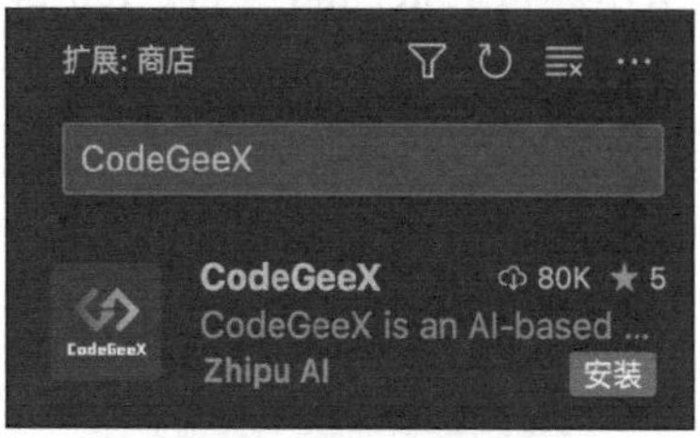

图 3-8　搜索 CodeGeeX

3.5.3 注册和登录 CodeGeeX

使用 CodeGeeX 虽然不需要登录，但有一定的限制，而且功能有限。要想充分使用 CodeGeeX，就需要提前注册并登录 CodeGeeX。

在安装完 CodeGeeX 后，Visual Studio Code 的左侧会显示 CodeGeeX 图标（图 3-9 左侧的最后一个图标），单击该图标，Visual Studio Code 的左侧会显示图 3-9 所示的界面。单击 Login 按钮，即可登录 CodeGeeX。

单击 Login 按钮后，会打开浏览器，显示图 3-10 所示的 CodeGeeX 登录页面。

与 GitHub Copilot 不同的是，CodeGeeX 不仅可以使用 Gmail、GitHub 等账户登录，还可以使用微信、Gitee 等国内常用的账户登录，推荐使用微信登录。

成功登录 CodeGeeX 后，在 Visual Studio Code 中就会进入 CodeGeeX 的聊天界面，如图 3-11 所示。在这个界面中，你可以问 CodeGeeX 任何问题。

图 3-9　登录 CodeGeeX

图 3-10　CodeGeeX 的登录页面

图 3-11　CodeGeeX 的聊天界面

3.5.4　代码补全

CodeGeeX 支持代码补全功能。例如，输入如下代码。

```
for i = 0
```

CodeGeeX 会自动补全 for 循环的第 1 行，如图 3-12
所示。按 Enter 键，再按 Tab 键，CodeGeeX 会继续补
全代码。

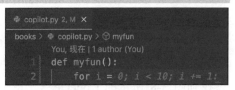

图 3-12　代码补全

3.5.5　检查和修复代码漏洞

CodeGeeX 可以检查和修复代码漏洞。在 CodeGeeX 的聊天界面中输入如下内容。

```
检查下面的代码是否有漏洞
import sqlite3

connection = sqlite3.connect("example.db")
cursor = connection.cursor()
id = 30

query = "SELECT * FROM users WHERE id = " + str(id)
cursor.execute(query)
```

如图 3-13 所示，CodeGeeX 成功检查出这段代码中存在 SQL 注入漏洞，但 CodeGeeX 给出
的修复代码使用了 sqlite3.encode() 函数，而没有使用 SQL 参数来解决这个问题。sqlite3.encode()
函数根本不存在，所以 CodeGeeX 在修复 SQL 注入漏洞方面是失败的，这可能是因为 CodeGeeX
训练的数据有限以及模型算法本身的问题，CodeGeeX 还有待提高。

图 3-13　检查和修复代码漏洞

3.5.6 代码优化

在 CodeGeeX 的聊天界面中，输入如下内容。

```
下面是用 Python 编写的冒泡排序算法，请优化一下这段代码，让其效率更高
def bubble_sort(a):
    for i in range(len(a)-1):
        for j in range(len(a)-1-i):
            if a[j] > a[j+1]:
                a[j], a[j+1] = a[j+1], a[j]
    return a
```

CodeGeeX 会给出图 3-14 所示的回复，从优化后的代码中可以看出，CodeGeeX 只是将获取列表长度的功能单独提出来，而没有进行优化，所以 CodeGeeX 在代码优化方面仍然有待提高。

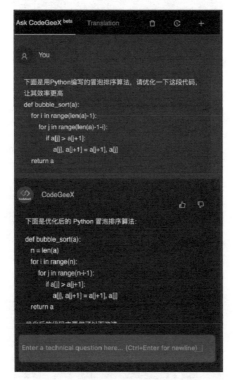

图 3-14　优化代码

3.5.7 代码转换

本节介绍在 CodeGeeX 中如何进行代码转换。

1. 通过聊天的方式转换代码

在 CodeGeeX 的聊天界面中，直接输入下面的内容。

将下面的 Python 代码转换为 JavaScript 代码:

```python
def bubble_sort(a):
    for i in range(len(a)-1):
        swapped = False # 设置标志变量
        for j in range(len(a)-1-i):
            if a[j] > a[j+1]:
                a[j], a[j+1] = a[j+1], a[j]
                swapped = True # 发生了交换，更新标志变量
        if not swapped: # 如果没有交换，说明数组已经有序
            break # 提前结束循环
    return a
```

按 Enter 键，开始转换代码，CodeGeeX 将给出图 3-15 所示的回复。

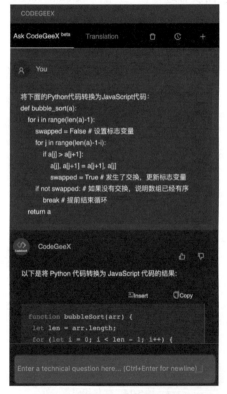

图 3-15 通过聊天的方式转换代码

转换后的完整代码如下。

代码位置：/src/others_ai_tools/js_bubble_sort1.js

```javascript
function bubbleSort(arr) {
    let len = arr.length;
    for (let i = 0; i < len - 1; i++) {
        let swapped = false;
        for (let j = 0; j < len - 1 - i; j++) {
```

```
            if (arr[j] > arr[j + 1]) {
                let temp = arr[j];
                arr[j] = arr[j + 1];
                arr[j + 1] = temp;
                swapped = true;
            }
        }
        if (!swapped) {
            break;
        }
    }
    return arr;
}
```

2. 在 Translation 界面中生成代码

单击 Translation 选项卡，切换到 Translation 界面。将要转换的代码复制到 Translation 界面的 Input Code 文本框中（不需要复制任何描述性文字，只需要复制代码和注释即可），或者在代码文件中选择要转换的代码，CodeGeeX 会直接复制代码到 Input Code 文本框中，CodeGeeX能自动识别 Input Code 文本框中的代码是使用什么语言编写的。然后在 Translate Into 下拉列表框中选择转换的目标语言，这里选择 JavaScript，最后单击 Translate 按钮，CodeGeeX 就会在下方的 Output Code 区域输出转换后的代码，如图 3-16 所示。

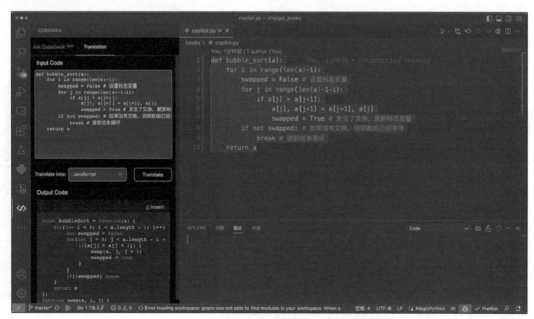

图 3-16　在 Translation 界面中转换代码

转换后的完整代码如下。

代码位置： /src/others_ai_tools/js_bubble_sort2.js

```javascript
const bubbleSort = function(arr) {
    let n = arr.length, tmp;
    for(let i = n - 1; i > 0; i--) {
        for(let j = 0; j < i; j++) {
            if(arr[j] > arr[j + 1]) {
                tmp = arr[j];
                arr[j] = arr[j + 1];
                arr[j + 1] = tmp;
            }
        }
    }
};
```

尽管以上两种转换方式生成的 JavaScript 代码不同，但它们的功能是相同的。读者可以使用下面的代码测试这两种转换方式生成的 JavaScript 代码。

```javascript
var arr = [1, 5, 7, 9, 3, 6, 8, 4, 2];
bubbleSort(arr);
console.log(arr);
```

运行程序，输出的内容如下。

```
[
  1, 2, 3, 4, 5,
  6, 7, 8, 9
]
```

3.5.8　解答任何问题

除解答编程问题之外，CodeGeeX 还可以解答其他问题，例如作一首古诗。

输入下面的问题。

以梅花为题，作一首七言绝句的古诗

CodeGeeX 将给出图 3-17 所示的回复。

3.5.9　在线体验

CodeGeeX 提供了在线体验的功能。读者可以访问 CodeGeeX 网站，体验 CodeGeeX 的代码转换功能。

在 CodeGeeX 网站，搜索"zh-CN/codeTranslator"，在弹出的页面中，左侧是待转换的代码，右侧是转换

图 3-17　用 CodeGeeX 作诗

后的目标语言代码。单击"翻译"按钮开始转换，效果如图 3-18 所示。读者也可以在线体验代码生成、代码解释和代码修正功能。单击 CodeGeeX 首页上的"在线体验"菜单，可以切换

不同的在线体验页面。

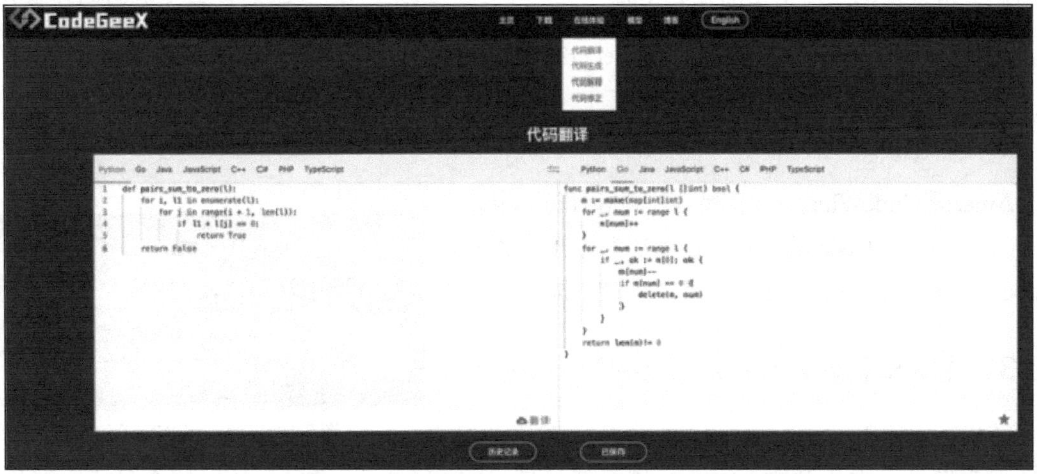

图 3-18　在线体验 CodeGeeX

3.6　Amazon CodeWhisperer

本节介绍另一个免费的 AI 代码生成工具——Amazon CodeWhisperer。这个工具的使用方式与 GitHub Copilot 和 CodeGeeX 类似，下面介绍如何将这个工具与 Visual Studio Code 结合，并展示 Amazon CodeWhisperer 生成的代码。

3.6.1　Amazon CodeWhisperer 简介

Amazon CodeWhisperer 是由亚马逊公司研发的一款免费的 AI 代码生成工具，面向个人用户提供无限制的代码智能生成服务，可以帮助开发者提高工作效率，以及为应用程序提供代码审查、安全扫描和性能优化等。

Amazon CodeWhisperer 具有以下特点。

（1）高效的代码生成：支持 15 种编程语言，包括 Python、Java 和 JavaScript，以及多种 IDE，如 Visual Studio Code、IntelliJ IDEA、AWS Cloud9、AWS Lambda 控制台、JupyterLab 和 Amazon SageMaker Studio。只需要输入简单的注释，Amazon CodeWhisperer 就可以实时生成从代码片段到完整函数的代码建议。

（2）可靠的代码质量：Amazon CodeWhisperer 可以标记或过滤与开源训练数据相似的代码建议，并提供相关的开源项目的仓库 URL 和许可证，以便开发者更容易地进行审查和添加归属。

（3）强大的代码安全保障：Amazon CodeWhisperer 可以扫描代码，从中检测出难以发现的漏洞并提供代码建议来立即修复它们。Amazon CodeWhisperer 遵循处理安全漏洞的最佳实践，比如 Open Worldwide Application Security Project (OWASP)概述的那些。

3.6.2　安装 Amazon CodeWhisperer

Amazon CodeWhisperer 支持 Visual Studio Code，在 Visual Studio Code 的"扩展：商店"中搜索 AWS Toolkit，如图 3-19 所示，然后单击"安装"按钮即可。

图 3-19　安装 AWS Toolkit 插件

3.6.3　注册和登录 Amazon CodeWhisperer

要想正常使用 Amazon CodeWhisperer，就需要提前注册和登录。在安装完 AWS Toolkit 插件后，Visual Studio Code 的左侧会显示 aws 图标（图 3-20 左侧的最后一个图标）。单击该图标，然后单击 Connect to AWS to Get Started，就会显示图 3-20 所示的 Add Connection to AWS 界面。在该界面上，可以使用不同的特性，比如第 2 个特性，该特性主要作为代码助手，与 GitHub Copilot 和 CodeGeeX 的代码补全类似。

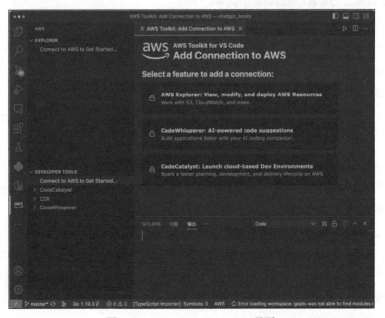

图 3-20　Add Connection to AWS 界面

在选择 CodeWhisperer：AI-powered code suggestions 之后，就会进入图 3-21 所示的注册或登录界面。单击 Sign up or Sign in 按钮，弹出图 3-22 所示的打开授权页面对话框。

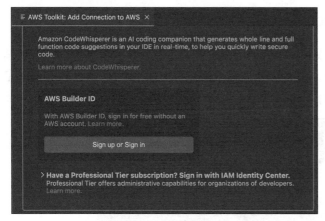

图 3-21　注册或登录界面

图 3-22　打开授权页面对话框

单击 Copy Code and Proceed 按钮，将打开浏览器，并显示图 3-23 所示的授权页面，将 Code 复制到文本框中。

单击 Next 按钮，进入图 3-24 所示的页面。如果还没有 AWS 账户，就输入 E-mail，注册一个新的 AWS 账户；如果有 AWS 账户，直接登录即可。

单击 Next 按钮，然后一步一步按提示操作即可。如果一切顺利，就会显示图 3-25 所示的页面，单击 Allow 按钮开始授权。

图 3-23　授权页面　　　　图 3-24　AWS Builder ID 创建页面　　　　图 3-25　单击 Allow 按钮

如果授权成功，就可以使用 Amazon CodeWhisperer 了。

3.6.4　使用 Amazon CodeWhisperer 生成和补全代码

使用 Amazon CodeWhisperer 生成和补全代码的方式与 GitHub Copilot 和 CodeGeeX 基本相同，也是通过 Tab 键驱动代码补全，并且可以通过注释生成完整的代码。图 3-26 展示了使用 Amazon CodeWhisperer 自动生成的 Python 版冒泡排序算法和测试程序。

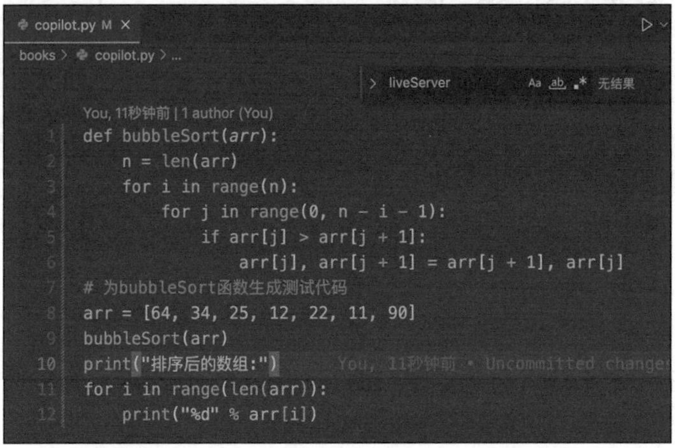

图 3-26　使用 Amazon CodeWhisperer 自动生成代码

3.7　小结

本章介绍了大量的 AI 代码生成工具。当然，AI 代码生成工具远不止这些，Codeium、Cursor、Alibaba Cloud AI Coding Assistant、Kite、TabNine 也都是很不错的 AI 代码生成工具。

这些 AI 代码生成工具可以分为两类：一类是 Web 版的 AI 代码生成工具，另一类是与 IDE 结合的 AI 代码生成工具。那么到底选择哪一类 AI 代码生成工具呢？当然要同时使用了，这么好的工具，不用可惜了。建议先使用像 ChatGPT 这样的 AI 代码生成工具初步生成完整的解决方案，再使用像 GitHub Copilot 这样的 AI 代码生成工具对代码进行微调，直到满意为止。当然，最终选择权在你的手中，使用什么 AI 代码生成工具，如何使用这些 AI 代码生成工具，完全在你，开心就好！

第4章　自动化编程实战：桌面应用

本章的主题是关于桌面应用的，也就是 GUI 技术。但本章的内容与其他讲桌面应用开发的图书存在本质的差异。本章以及后面所有章节提供的大多数代码并不是人类编写的，而是各种 AI 工具共同作用的结果，也就是"团队"作战。当然，在这个"团队"中，我是唯一的开发人员。

本章及后面章节给出的代码并不会局限一种编程语言，也不会局限一种框架，甚至可能让你在极短时间内拥有使用多种编程语言、多种框架实现的相同功能的代码。这里的极短时间可能是半个小时，甚至是几分钟。如果这些代码完全由人工编写，可能要数小时，甚至几天时间，还不能保证没有 bug。

使用 AI 工具生成代码，尤其是生成复杂项目代码的基本思路是先使用 ChatGPT 生成项目的框架，然后通过 GitHub Copilot 进行微调，直到达到满意的程度。本书后续章节普遍采用这种 AI 代码生成方案。尽管本书主要使用 ChatGPT 和 GitHub Copilot 这两种工具，但是二者并不是必需的。读者可以选择其他工具，如 New Bing、Bard、Claude、CodeGeeX、Amazon CodeWhisperer 等，甚至多种工具混合使用。总之，使用什么工具并不重要，重要的是这些工具能给我们带来多少好处，这才是我们唯一关心的问题。

从本章开始，我们体验与 AI 工具协同编程的感受。让我们从桌面应用——开始吧！

4.1　用 PyQt6 实现通过滑块设置背景色

很多编程语言的框架支持 GUI，如 Python 的 PyQt、Tkinter、wxPython，C++的 QT，Java 的 JavaFX，JavaScript 的 Electron，C#的各种 GUI 框架等。如果读者想在不同的操作系统上使用不同的编程语言开发 GUI 应用，或者出于不同的目的，要使用不同编程语言开发满足特定目的的 GUI 应用，并且人手不够，那么恐怕就要日夜加班了。但有了 ChatGPT、GitHub Copilot

这些超强的 AI 工具，开发 GUI 应用就轻松多了。

　　本节会展示如何利用多种 AI 代码生成工具在极短的时间内快速、准确地完成一个 GUI 应用。这个 GUI 应用的基本功能是通过 3 个滑块组件控制颜色的红、绿、蓝三原色，然后将颜色作为文本框的背景色，并将颜色值显示在标签组件上。我们先用 Python 和 PyQt6 实现这个程序。所以读者需要安装 Python，并使用下面的命令安装 PyQt6。

```
pip install PyQt6
```

根据这个桌面应用的功能描述，可以得出下面的几个关键点：

- 窗口；
- 文本框组件；
- 标签组件；
- 3 个滑块组件；
- 每个滑块组件都可以响应滑块的滑动动作。

　　将这几个关键点组合起来，形成一段文字，作为 ChatGPT 的提示语，于是有了下面的描述。

> 用 PyQt6 创建一个 300*500 的窗口，然后在窗口的垂直方向分别放置一个文本组件、一个标签组件和 3 个滑块组件。所有滑块组件对应的最小值是 0，对应的最大值是 255。3 个滑块组件分别表示红、绿、蓝三原色。当滑动这 3 个滑块时，分别用这 3 个滑块的当前值设置文本组件的背景色。然后将这 3 个滑块的当前值组合成以井号开头的颜色值，如#ffffff，显示在标签组件中。给出完整的实现代码和中文注释。

ChatGPT 会给出下面的代码。

代码位置： src/gui/color_slider_pyqt6.py

```python
import sys
from PyQt6.QtWidgets import QApplication, QWidget, QVBoxLayout, QLabel,
                                                QSlider, QTextEdit
from PyQt6.QtCore import Qt
from PyQt6.QtGui import QColor

class ColorSliderApp(QWidget):
    def __init__(self):
        super().__init__()

        # 设置窗口大小
        self.resize(300, 500)

        # 设置布局
        self.layout = QVBoxLayout()
        self.setLayout(self.layout)

        # 创建文本组件
        self.text_edit = QTextEdit()
```

```
                self.layout.addWidget(self.text_edit)

            # 创建标签组件
            self.label = QLabel("颜色: #ffffff")
            self.layout.addWidget(self.label)

            # 创建滑块组件
            self.red_slider = QSlider(Qt.Orientation.Vertical)
            self.green_slider = QSlider(Qt.Orientation.Vertical)
            self.blue_slider = QSlider(Qt.Orientation.Vertical)


            # 设置滑块范围
            self.red_slider.setRange(0, 255)
            self.green_slider.setRange(0, 255)
            self.blue_slider.setRange(0, 255)

            # 添加滑块到布局
            self.layout.addWidget(self.red_slider)
            self.layout.addWidget(self.green_slider)
            self.layout.addWidget(self.blue_slider)

            # 连接滑块信号到槽函数
            self.red_slider.valueChanged.connect(self.update_color)
            self.green_slider.valueChanged.connect(self.update_color)
            self.blue_slider.valueChanged.connect(self.update_color)

        def update_color(self):
            # 获取滑块的值
            red = self.red_slider.value()
            green = self.green_slider.value()
            blue = self.blue_slider.value()

            # 设置文本组件的背景色
            color = QColor(red, green, blue)
            self.text_edit.setStyleSheet(f"background-color: {color.name()}")

            # 设置标签组件显示的颜色值
            self.label.setText(f"颜色: {color.name()}")


if __name__ == "__main__":
    app = QApplication(sys.argv)

    # 创建窗口实例
    window = ColorSliderApp()
```

```
window.show()

sys.exit(app.exec())
```

运行这段代码，会显示图 4-1 所示的效果。

从展示的窗口和组件来看，功能基本上没问题，但界面不符合通常的视觉习惯。因为在描述中没有说清楚滑块组件的方向，所以 ChatGPT 自作主张将滑块方向设置成垂直方向。当然，可以要求 ChatGPT 重新生成这段程序，不过没有必要，这些都是小问题，只要微调即可。

现在就将所有的滑块组件变成水平方向，如果读者第 1 次使用 QSlider 组件，不知道如何设置 QSlider 组件为水平方向，就可以借助 GitHub Copilot 或其他同类工具。首先，在 __init__ 方法中创建 QSlider 组件代码的后面，添加如下注释。

```
# 将 red_slider、green_slider 和 blue_slider 设置为水平方向
```

然后不断按 Enter 键和 Tab 键，就会自动生成如下 3 行代码。

```
self.red_slider.setOrientation(Qt.Orientation.Horizontal)
self.green_slider.setOrientation(Qt.Orientation.Horizontal)
self.blue_slider.setOrientation(Qt.Orientation.Horizontal)
```

再次运行程序，会展示图 4-2 所示的效果。

图 4-1　初步生成的桌面应用　　　　图 4-2　将滑块组件变为水平方向的效果

不过这个程序仍然不完美，3 个滑块组件到底是做什么的呢？没人知道。因此，要继续改进这个程序。在每一个滑块组件前面加一个标签，用于表明对应滑块组件的作用。可以在创建 QSlider 组件代码的后面添加如下注释。

```
# 分别在 red_slider、green_slider 和 blue_slider 前面各添加一个标签组件，用于显示滑块的值
```

然后不断按 Enter 键和 Tab 键，GitHub Copilot 会自动生成如下代码。

```
self.red_label = QLabel("R")
self.green_label = QLabel("G")
self.blue_label = QLabel("B")
self.layout.addWidget(self.red_label)
```

```
self.layout.addWidget(self.red_slider)
self.layout.addWidget(self.green_label)
self.layout.addWidget(self.green_slider)
self.layout.addWidget(self.blue_label)
self.layout.addWidget(self.blue_slider)
```

在这段代码中，重复添加了 3 个滑块组件，所以需要将后面添加 3 个滑块的代码去掉，要去掉的代码如下。

```
self.layout.addWidget(self.red_slider)
self.layout.addWidget(self.green_slider)
self.layout.addWidget(self.blue_slider)
```

现在运行程序，会展示图 4-3 所示的效果。

现在的程序虽然比刚开始好多了，但是仍然不完美。尽管知道了每一个滑块组件是做什么的，但是不知道其当前值，所以希望每一个滑块组件上方的标签组既能够显示标识，还能够显示对应滑块的当前值。

在 update_color()中获取滑块的值的代码的后面，输入如下注释。

```
# 将每一个滑块组件的当前值显示在对应的标签组件上，并且在对应的标签组件前面显示"红:""绿:""蓝:"等文本
```

然后不断按 **Enter** 键和 **Tab** 键，会生成如下代码。

```
self.red_label.setText(f"红: {red}")
self.green_label.setText(f"绿: {green}")
self.blue_label.setText(f"蓝: {blue}")
```

如果生成的代码仍然用 R、G、B 表示红、绿、蓝，直接手动改一下即可。然后在 __init__()方法的最后使用下面的代码调用 update_color()方法，以保证在窗口启动时也可以更新 3 个标签组件的值。

```
self.update_color()
```

现在运行程序，会展示图 4-4 所示的效果。

图 4-3 添加标签组件的效果

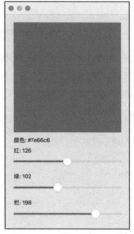

图 4-4 实时显示"红""绿""蓝"的效果

当然，这个程序还有改进空间，读者可以自行发挥想象力，看看还有哪些地方需要完善。

4.2 把 PyQt6 程序更改为 Qt6 程序

在上一节中，我们通过 ChatGPT 以及 GitHub Copilot 实现了一个用滑块设置背景色的程序，不过这个程序是使用 Python 编写的。假设有这样一个场景，你有一段用 Python 编写的代码，为了用 C++实现同样的功能，按往常的做法，要进行代码移植。如果代码少，还容易移植；如果代码多，移植就很困难。既然有了 ChatGPT，就没必要这么麻烦。

下面就利用 ChatGPT 将上一节实现的设置背景色的程序转换为用 C++编写的基于 Qt6 的程序。尽管 PyQt6 是对 Qt6 的封装，API 基本是相同的，但对于不熟悉 C++语法的开发人员而言，这可能并不容易移植。不过使用 ChatGPT 就轻松多了，只要告诉 ChatGPT 下面的内容即可。

```
将下面的代码转换为基于 Qt6 的代码
import sys
from PyQt6.QtWidgets import QApplication, QWidget, QVBoxLayout, QLabel,
                                                QSlider, QTextEdit

...
# 这里要复制完整的代码
if __name__ == "__main__":
    app = QApplication(sys.argv)

    # 创建窗口实例
    window = ColorSliderApp()
    window.show()


    sys.exit(app.exec())
```

ChatGPT 一瞬间就会给出如下转换的代码。

代码位置：src/gui/qt6/ColorSliderQt6/main.cpp

```cpp
#include <QApplication>
#include <QWidget>
#include <QVBoxLayout>
#include <QLabel>
#include <QSlider>
#include <QTextEdit>
#include <QColor>

class ColorSliderApp : public QWidget {
public:
    ColorSliderApp() {
        resize(300, 500);
```

```
        layout = new QVBoxLayout(this);
        setLayout(layout);

        textEdit = new QTextEdit();
        layout->addWidget(textEdit);

        colorLabel = new QLabel("颜色: #ffffff");
        layout->addWidget(colorLabel);

        redSlider = new QSlider(Qt::Horizontal);
        greenSlider = new QSlider(Qt::Horizontal);
        blueSlider = new QSlider(Qt::Horizontal);

        redSlider->setRange(0, 255);
        greenSlider->setRange(0, 255);
        blueSlider->setRange(0, 255);

        redLabel = new QLabel("R");
        greenLabel = new QLabel("G");
        blueLabel = new QLabel("B");
        layout->addWidget(redLabel);
        layout->addWidget(redSlider);
        layout->addWidget(greenLabel);
        layout->addWidget(greenSlider);
        layout->addWidget(blueLabel);
        layout->addWidget(blueSlider);

        connect(redSlider, &QSlider::valueChanged, this,
                            &ColorSliderApp::updateColor);
        connect(greenSlider, &QSlider::valueChanged, this,
                             &ColorSliderApp::updateColor);
        connect(blueSlider, &QSlider::valueChanged, this,
                            &ColorSliderApp::updateColor);

        updateColor();
    }

private slots:
    void updateColor() {
        int red = redSlider->value();
        int green = greenSlider->value();
        int blue = blueSlider->value();

        redLabel->setText(QString("红: %1").arg(red));
        greenLabel->setText(QString("绿: %1").arg(green));
        blueLabel->setText(QString("蓝: %1").arg(blue));
```

```
        QColor color(red, green, blue);
        textEdit->setStyleSheet(QString("background-color: %1").arg(color.name()));
        colorLabel->setText(QString("颜色: %1").arg(color.name()));
    }

private:
    QVBoxLayout *layout;
    QTextEdit *textEdit;
    QLabel *colorLabel;
    QLabel *redLabel;
    QLabel *greenLabel;
    QLabel *blueLabel;
    QSlider *redSlider;
    QSlider *greenSlider;
    QSlider *blueSlider;
};

int main(int argc, char *argv[]) {
    QApplication app(argc, argv);

    ColorSliderApp window;
    window.show();

    return app.exec();
}
```

使用 QtCreator 创建一个 Qt Console 项目，然后将这段代码复制到 main.cpp 文件中，不过由于 Qt Console 项目默认并没有引用 Qt GUI 库，因此需要按下面的代码重新修改 ColorSliderQt6.pro 文件。

```
QT += core gui
CONFIG += c++11 console
greaterThan(QT_MAJOR_VERSION, 4): QT += widgets
CONFIG -= app_bundle
SOURCES += \
        main.cpp
# Default rules for deployment.
qnx: target.path = /tmp/$${TARGET}/bin
else: unix:!android: target.path = /opt/$${TARGET}/bin
!isEmpty(target.path): INSTALLS += target
```

运行程序，显示效果如图 4-5 所示。从表面上看，用 Qt6 和 PyQt6 实现的程序没有任何区别。通过这个示例可以看出，使用 ChatGPT 等 AI 工具，即使你对 C++ 不熟悉，只要知道如何创建和运行 Qt 项目，也可以通过你熟悉的其他编程语言来间接实现 C++ 的应用，而且转换的代码要比生成的代码更准确。因为转换代码已经有模板了，所以只需要进行代码映射即可。

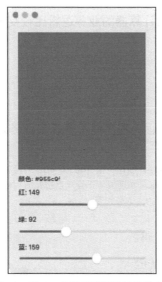

图 4-5　用 Qt6 实现的设置背景色的应用

4.3　用 Tkinter 快速实现计算器

本节会结合 ChatGPT 和 GitHub Copilot 讲述如何实现一个 Tkinter 版的计算器程序。Tkinter 是 Python 的内置 GUI 库，不需要单独安装。

计算器程序有很多种类，在本节中，我们会实现一个基本的计算器程序：在窗口上包含整数 0~9 这 10 个数字按钮，以及"+""-""*""/"".""和"="这 6 个按钮，两者加一起一共有 16 个按钮，正好可以排成 4 行 4 列。图 4-6 展示了 macOS 上的计算器。计算器的功能主要是单击除"="按钮外的其他按钮，会将按钮文本追加到计算器上方的文本输入框中，单击"="按钮，会动态计算文本输入框中的表达式，双击文本输入框，会清空文本。

图 4-6　macOS 上的计算器

根据前面的描述，可以总结出实现这个计算器的几个关键点。

- 布局：需要使用类似于网格布局的功能实现按钮的行列布局。
- 响应按钮单击动作：单击非"="按钮，会将按钮文本追加到文本输入框中；单击"="按钮，会动态计算文本输入框中的表达式。
- 文本框响应双击动作：双击文本框，会清空文本框的内容。

尽管 ChatGPT 可以接收大量的输入文本，但如果编程任务过于复杂，ChatGPT 可能只会实现一部分，或遗漏一些内容，因为计算器的业务逻辑比较复杂，所以可以分步骤实现这个计算器程序。

接下来，讲述具体实现步骤。

1. 实现计算器的界面

在这一步，只实现计算器的界面，程序并不带任何业务逻辑。使用下面的内容向 ChatGPT 提问。

> 使用 Python 的 Tkinter 实现一个程序，创建一个 300 ＊ 400 的窗口，窗口分为两部分，上半部分是一个文本输入框，其余部分属于下半部分。在下半部分实现类似于计算器按钮的网格布局。网格分成 4 行 4 列。每一个单元格是一个按钮，从左到右，从上到下，按钮的文本分别是 7、8、9、/、4、5、6、*、1、2、3、－、0、.、＝、+。给出完整的实现代码和中文注释。

ChatGPT 会给出下面的实现代码。

代码位置：src/gui/calc_tkinter.py

```python
import tkinter as tk
from tkinter import Entry, Button

# 创建主窗口
root = tk.Tk()

# 设置窗口大小为 300*400
root.geometry("300*400")

# 创建一个文本输入框，放在窗口的上半部分
entry = Entry(root, font=('Arial', 18))
# 让输入框占据窗口的上半部分，columnspan 设置为 4，使其横跨 4 列
entry.grid(row=0, column=0, columnspan=4, sticky='nsew')

# 定义按钮的文本
buttons = [
    '7', '8', '9', '/',
    '4', '5', '6', '*',
    '1', '2', '3', '-',
    '0', '.', '=', '+'
]

# 创建按钮，并使用网格布局放在窗口的下半部分
# 初始化行和列的计数器
row = 1
col = 0
# 遍历按钮文本，创建对应的按钮
for button in buttons:
    # 创建按钮并放置在相应的网格位置
```

```
        Button(root, text=button, font=('Arial', 18)).grid(row=row,
                                column=col, sticky='nsew')
    # 更新列计数器
    col += 1
    # 当列计数器达到 4 时，重置为 0，并且增加行计数器
    if col == 4:
        col = 0
        row += 1

# 设置行和列的权重，使它们在窗口大小改变时能够按比例缩放
for i in range(5):
    root.grid_rowconfigure(i, weight=1)
    if i < 4:
        root.grid_columnconfigure(i, weight=1)

# 启动主循环
root.mainloop()
```

因为生成的程序没有设置窗口的标题，所以可以在创建窗口代码的后面输入下面的注释，利用 GitHub Copilot 自动生成设置标题的代码。当然，如果你对 Tkinter 很熟悉，也可以直接编写设置窗口标题的代码。

```
# 设置窗口标题
```

不断按 Enter 键和 Tab 键，会自动生成下面的代码。其中"计算器"3个字也会自动生成，因为 GitHub Copilot 是支持上下文的，所以根据上下文的代码，GitHub Copilot 已经推测出了当前的程序是一个计算器应用。

```
root.title("计算器")
```

现在运行程序，得到的计算器的界面如图 4-7 所示。

当窗口改变尺寸后，按钮和文本框也是自适应的。

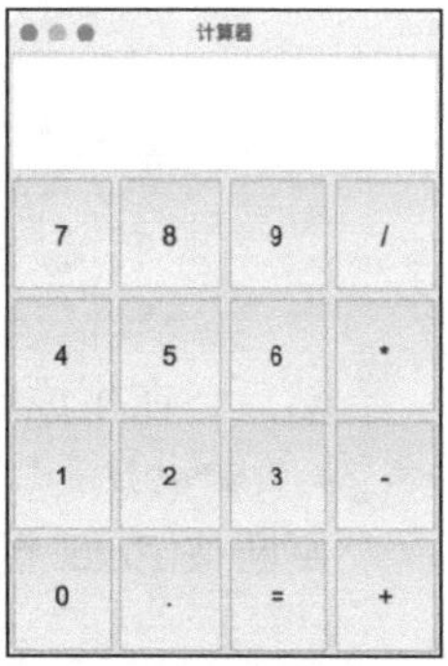

2. 响应按钮单击动作

图 4-7　计算器的界面

因为按钮是根据 buttons 数组动态添加的，所以需要在添加按钮的 for 循环中创建按钮的代码后面添加如下注释。

```
# 除"="按钮外，当单击其他按钮时，会在输入框中追加按钮的文本，给出实现代码
```

当注释输入一部分时，GitHub Copilot 会猜测注释下面的内容是什么。如果 GitHub Copilot 恰好猜对了，直接按 Tab 键生成注释即可。GitHub Copilot 是根据上下文猜测的，所以在很多情况下猜测结果是非常准的。

输入这行注释后，不断按 Enter 键和 Tab 键，GitHub Copilot 会生成下面的代码。

```
if button != '=':
    # 定义按钮的单击事件
    def click(e):
        # 获取当前按钮的文本
```

```
        text = e.widget['text']
        # 在输入框中追加文本
        entry.insert('end', text)
    # 绑定按钮的单击事件
    Button(root, text=button, font=('Arial', 18)).bind('<Button-1>', click)
```

这段生成的代码总体上是正确的，但有点小问题，由于在 for 语句的开始部分已经创建了 Button 对象，并使用 grid()方法完成了网格布局。但这个 Button 对象并没有单独保存在变量中，这导致后面的代码无法再次使用这个 Button 对象，所以需要按如下方式手动改进。

```
for button in buttons:
    # 创建按钮并放置在相应的网格位置
    # 将 Button 对象单独放在一个变量中，以便在后面可以多次使用该 Button 对象
    b = Button(root, text=button, font=('Arial', 18))
    b.grid(row=row, column=col, sticky='nsew')
    # 除"="按钮外，当单击其他按钮时，都会在输入框中追加按钮的文本，给出实现代码
    if button != '=':
        # 定义按钮的单击事件
        def click(e):
            # 获取当前按钮的文本
            text = e.widget['text']
            # 在输入框中追加文本
            entry.insert('end', text)
        # 绑定按钮的单击事件
        b.bind('<Button-1>', click)
```

然后，在生成代码的后面，再次输入如下注释。

```
# 当按"="按钮时，计算输入框中表达式的值，并将结果显示在输入框中，给出实现代码
```

不断按 Enter 键和 Tab 键，GitHub Copilot 会生成如下代码。

```
    else:
        # 定义按钮的单击事件
        def click(e):
            # 获取输入框中的表达式
            text = entry.get()
            # 计算表达式的值
            result = eval(text)
            # 清空输入框
            entry.delete(0, 'end')
            # 在输入框中显示结果
            entry.insert('end', result)
        # 绑定按钮的单击事件
        b.bind('<Button-1>', click)
```

GitHub Copilot 的上下文检测能力很强，可以直接检测出需要在程序中添加 else 语句。现在这一步已经实现完了，运行程序，然后按数字键和符号键，并按"="按钮完成计算。图 4-8

展示了输入的数字和符号。图 4-9 展示了计算表达式的结果。

图 4-8　输入的数字和符号　　　　　　　　图 4-9　计算表达式的结果

3. 响应文本输入框的双击事件

为了实现双击文本输入框会清空文本输入框的文本，现在找到如下代码。

```
entry.grid(row=0, column=0, columnspan=4, sticky='nsew')
```

在这行代码后面，输入如下注释。

```
# 双击文本输入框中的文本时，将文本清空，给出实现代码
```

不断按 Enter 键和 Tab 键，会生成如下代码。

```
def clear(e):
    entry.delete(0, 'end')
entry.bind('<Double-Button-1>', clear)
```

现在运行程序，双击文本框，就会清空里面的内容。到现在为止，我们完美且快速地实现了这个计算器程序，如果我们对 Tkinter、ChatGPT 和 GitHub Copilot 比较熟悉，实现这些功能不会超过 3 分钟。如果要完全手工编写这些代码，即使花费 30 分钟，也不能保证做出来。

4.4 使用 PyQt6 分步实现复杂布局

对于一个简单的程序，可以将所有的代码都放在一个文件中，但如果程序比较复杂或者由团队多名成员共同完成，就不应该将所有的代码都放到一个文件中，而要将程序的功能进行模块化分解。然后，分别处理每一个模块。最后，将所有的模块合成一个整体。

本节将结合 PyQt6 的布局讲述如何使用 ChatGPT 和 GitHub Copilot 生成一个由多个文件组成的复杂布局程序。图 4-10 就是最终要实现的布局效果。

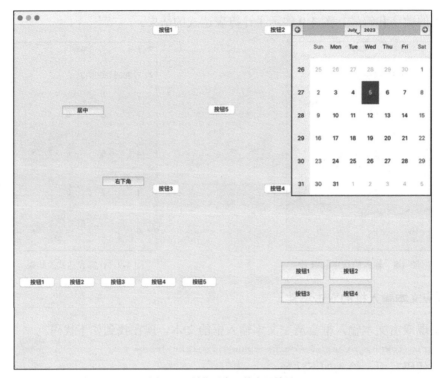

图 4-10　最终要实现的布局效果

乍一看，这个布局杂乱无章，其实整个窗口在垂直方向上分成相同高度的两个区域，上面的区域在水平方向上等分成 3 部分，下面的区域在水平方向上等分为两部分。从左到右，从上到下，每一部分中的组件都有自己的布局规则。因此，这是一个组合布局。如果使用一段文字描述整个布局，会过于复杂，ChatGPT 可能无法准确实现这个布局，所以在这个示例中，采用分治法自动生成布局。也就是说，首先会生成整个窗口的布局代码，但这段布局代码只涉及顶层的 5 个部分。然后，分别为这 5 个部分生成布局代码。最后，将这 5 个部分的布局代码插入窗口的 5 个部分中，就形成图 4-10 所示的布局。为了方便，每一部分的布局代码单独放在一个 Python 文件中，以一个类的形式存在。我们使用 ChatGPT 和 GitHub Copilot，并通过多步骤实现图 4-10 所示布局。

4.4.1　生成窗口的总布局

对于窗口的总布局，需要提供给 ChatGPT 的关键点如下。

- 窗口尺寸是 1000*800。
- 窗口分为上下两部分，而且是等分的。上半部分在水平方向上又等分为 3 部分，下半部分在水平方向上又等分为两部分。

- 当窗口改变尺寸时，这 5 个部分仍然保持相对位置不变。

- 每一个部分要使用 QFrame 对象，这是为了在生成 5 个部分的布局时方便对接。QFrame 就是模块与主程序的接口。在生成代码之前，要确定好接口，否则生成的多个文件是无法连接在一起的。

- 直接使用坐标和尺寸控制 5 个部分的相对位置。这么做是为了提高兼容性，强行控制 QFrame 对象的尺寸，否则如果某一部分生成的 QFrame 对象的尺寸有问题，那么最后合并代码时布局可能会变形。

综合上面几个关键点，可以向 ChatGPT 发送如下内容。

> 使用 PyQt6 创建一个 1000*800 的窗口。将窗口在垂直方向上等分为上下两部分，将上半部分在水平方向上等分为 3 部分，将下半部分在水平方向上等分为两部分。一共将窗口分为 5 部分，每一部分是一个 QFrame 对象。每一部分随着窗口尺寸的改变，仍然保持水平和垂直等分布局。为每一部分设置不同的背景色。每一部分要直接使用 QFrame 对象的位置和尺寸控制，在 resizeEvent 中实现。 给出完整的实现代码和中文注释。

由于以上内容比较复杂，因此建议使用 ChatGPT Plus 或者 New Bing。ChatGPT 生成的代码可能有点小问题，如果不行，多生成几次就好了。

ChatGPT 会回复下面的代码。

代码位置： src/gui/layout_pyqt6.py

```python
import sys
from PyQt6.QtWidgets import QApplication, QMainWindow, QFrame
class CustomWindow(QMainWindow):
    def __init__(self):
        super().__init__()

        # 设置窗口初始大小
        self.resize(1000, 800)

        # 创建 5 个 QFrame 对象，以它们作为窗口的子部件
        self.frame1 = QFrame(self)
        self.frame2 = QFrame(self)
        self.frame3 = QFrame(self)
        self.frame4 = QFrame(self)
        self.frame5 = QFrame(self)

        # 为每个 QFrame 对象设置背景颜色
        self.frame1.setStyleSheet("background-color: red;")
        self.frame2.setStyleSheet("background-color: green;")
        self.frame3.setStyleSheet("background-color: blue;")
        self.frame4.setStyleSheet("background-color: yellow;")
        self.frame5.setStyleSheet("background-color: orange;")

    def resizeEvent(self, event):
        # 获取窗口的大小
```

```
        w, h = self.width(), self.height()

        # 上半部分垂直位置和高度
        upper_y = 0
        upper_height = h // 2

        # 下半部分垂直位置和高度
        lower_y = upper_height
        lower_height = h - upper_height

        # 设置上半部分的 3 个 QFrame 对象的位置和大小
        self.frame1.setGeometry(0, upper_y, w // 3, upper_height)
        self.frame2.setGeometry(w // 3, upper_y, w // 3, upper_height)
        self.frame3.setGeometry(2 * w // 3, upper_y, w // 3, upper_height)

        # 设置下半部分的两个 QFrame 对象的位置和大小
        self.frame4.setGeometry(0, lower_y, w // 2, lower_height)
        self.frame5.setGeometry(w // 2, lower_y, w // 2, lower_height)

if __name__ == '__main__':
    app = QApplication(sys.argv)
    window = CustomWindow()
    window.show()
    sys.exit(app.exec())
```

运行程序，自动生成的窗口顶层布局如图 4-11 所示。

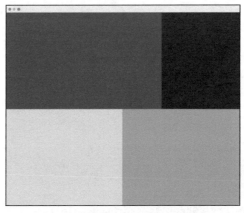

图 4-11　自动生成的窗口顶层布局

我们可以看到，ChatGPT 成功生成实现窗口顶层布局的代码，窗口中每一部分用一种颜色表示，改变窗口尺寸，这 5 个部分仍然会保持相对位置，生成的代码非常完美。

4.4.2　生成第 1 部分的布局

第 1 部分（上半部分左侧区域）只有两个按钮，一个按钮位于该区域的正中心，另一个按钮位于该区域的右下角。根据这个布局，可以通过下面的文本让 ChatGPT 返回对应的代码。

> 用 PyQt6 编写程序，创建一个 QFrame 类，要使用 class LeftTopFrame(QFrame) 形式，然后在 QFrame 对象中放置两个按钮，其中一个按钮在 QFrame 的正中心，文本"居中"，另一个按钮在右下角显示，文本位于"右下角"。给出完整的实现代码和中文注释。

在要求 ChatGPT 返回代码时，一定要指出需要使用 QFrame 对象，而且要使用 class LeftTopFrame(QFrame)形式，否则无法与主程序对接。另外，还需要通过这种方式让 ChatGPT 直接生成指定的类名，否则还要进行修改。

ChatGPT 会给出下面的代码。

代码位置：src/gui/left_top_layout_pyqt6.py

```python
import sys
from PyQt6.QtWidgets import QApplication, QFrame, QPushButton, QSizePolicy

class LeftTopFrame(QFrame):
    def __init__(self, parent=None):
        # 调用父类的初始化方法
        super().__init__(parent)

        # 初始化窗口
        self.setWindowTitle("QFrame 示例")
        self.setGeometry(100, 100, 400, 300)  # 设置窗口的位置和大小

        # 添加居中的按钮
        self.center_button = QPushButton("居中", self)
        self.center_button.setSizePolicy(QSizePolicy.Policy.Expanding,
                                         QSizePolicy.Policy.Expanding)
        self.center_button.clicked.connect(self.on_center_button_click)

        # 添加右下角的按钮
        self.bottom_right_button = QPushButton("右下角", self)
        self.bottom_right_button.clicked.connect(self.on_bottom_right_button_click)

    def resizeEvent(self, event):
        # 设置居中按钮的位置和大小
        self.center_button.setGeometry(
            (self.width() - self.center_button.width()) // 2,
            (self.height() - self.center_button.height()) // 2,
            self.center_button.width(),
            self.center_button.height()
        )
```

```
            # 设置右下角按钮的位置
            self.bottom_right_button.setGeometry(
                self.width() - self.bottom_right_button.width() - 20,
                self.height() - self.bottom_right_button.height() - 20,
                self.bottom_right_button.width(),
                self.bottom_right_button.height()
            )

        def on_center_button_click(self):
            print("居中按钮被单击")


        def on_bottom_right_button_click(self):
            print("右下角按钮被单击")


if __name__ == '__main__':
    app = QApplication(sys.argv)
    window = LeftTopFrame()
    window.show()
    sys.exit(app.exec())
```

运行程序，第 1 部分的布局如图 4-12 所示。

从效果来看，这完全满足第 1 部分的要求，只是在测试时是以独立的窗口展示的。最后会将 LeftTopFrame 对象插入主窗口的第 1 部分，这样 LeftTopFrame 就变成一个大窗口中的一部分了，里面的标题显示、位置设置功能都失效了。所以即使生成的代码中包含这些无用的代码也不要紧，一般不需要去掉。当然，去掉也无关紧要。

图 4-12　第 1 部分的布局

4.4.3　生成第 2 部分的布局

第 2 部分（上半部分中间区域）一共有 5 个按钮，一个按钮位于区域的正中心，其他 4 个按钮分别位于区域的 4 个角，呈现梅花形状。根据这个布局规则，可以使用下面的内容要求 ChatGPT 生成代码。

用 PyQt6 编写程序，创建一个 QFrame 类，要使用 class TopCenterFrame(QFrame) 形式，然后在 QFrame 对象上放置 5 个按钮组件，一个按钮组件在 QFrame 对象的正中心，其他 4 个按钮组件分别在 QFrame 对象的 4 个角，并且随着 QFrame 尺寸的改变，这 5 个按钮仍然在位于 QFrame 对象的正中心和 4 个角。给出完整的实现代码和中文注释。

ChatGPT 会给出下面的代码。

代码位置： src/gui/top_center_layout_pyqt6.py

```
# 导入 PyQt6 模块
from PyQt6.QtWidgets import QApplication, QFrame, QPushButton, QGridLayout
```

```python
from PyQt6.QtCore import Qt

# 定义一个类，继承自 QFrame
class TopCenterFrame(QFrame):
    # 初始化方法
    def __init__(self, parent=None):
        # 调用父类的初始化方法
        super().__init__(parent)
        # 设置窗口标题
        self.setWindowTitle("QFrame 示例")
        # 设置窗口大小
        self.resize(400, 300)
        # 创建一个网格布局对象
        self.layout = QGridLayout(self)
        # 设置布局的间距为 0
        self.layout.setContentsMargins(0, 0, 0, 0)
        # 创建 5 个按钮组件
        self.button1 = QPushButton("按钮 1", self)
        self.button2 = QPushButton("按钮 2", self)
        self.button3 = QPushButton("按钮 3", self)
        self.button4 = QPushButton("按钮 4", self)
        self.button5 = QPushButton("按钮 5", self)
        # 将按钮添加到布局中，指定行列和对齐方式
        self.layout.addWidget(self.button1, 0, 0, Qt.AlignmentFlag.AlignLeft
                              | Qt.AlignmentFlag.AlignTop) # 左上角
        self.layout.addWidget(self.button2, 0, 2, Qt.AlignmentFlag.AlignRight
                              | Qt.AlignmentFlag.AlignTop) # 右上角
        self.layout.addWidget(self.button3, 2, 0, Qt.AlignmentFlag.AlignLeft
                              | Qt.AlignmentFlag.AlignBottom) # 左下角
        self.layout.addWidget(self.button4, 2, 2, Qt.AlignmentFlag.AlignRight
                              | Qt.AlignmentFlag.AlignBottom) # 右下角
        self.layout.addWidget(self.button5, 1, 1, Qt.AlignmentFlag.AlignCenter)
# 正中心
if __name__ == '__main__':
    # 创建应用对象
    app = QApplication([])
    # 创建窗口对象
    window = TopCenterFrame()
    # 显示窗口
    window.show()
    # 运行应用
    app.exec()
```

运行程序，得到梅花布局，如图 4-13 所示。

图 4-13　梅花布局

4.4.4　生成第 3 部分的布局

第 3 部分（上半部分右侧区域）的布局相对简单，只显示一个日历组件，而且组件充满这一区域，所以可以使用下面的文本要求 ChatGPT 生成代码。

> 用 PyQt6 编写程序，创建一个 QFrame 类，要使用 class RightTopFrame(QFrame) 形式，然后在 QFrame 对象上放置 1 个日历组件，该组件充满整个 QFrame 对象。给出完整的实现代码和中文注释。

ChatGPT 会给出下面的代码。

代码位置： src/gui/right_top_layout_pyqt6.py

```
import sys
from PyQt6.QtWidgets import QApplication, QFrame, QCalendarWidget, QVBoxLayout

class RightTopFrame(QFrame):
    def __init__(self, parent=None):
        # 调用父类的初始化方法
        super().__init__(parent)

        # 设置 QFrame 对象的边框样式
        self.setFrameShape(QFrame.Shape.Box)
        self.setLineWidth(2)

        # 创建日历组件
        calendar_widget = QCalendarWidget()

        # 创建垂直布局
        layout_main = QVBoxLayout()

        # 将日历组件添加到布局中，并设置组件充满布局
        layout_main.addWidget(calendar_widget)
        layout_main.setContentsMargins(0, 0, 0, 0)
```

```
            layout_main.setSpacing(0)

            # 设置主布局
            self.setLayout(layout_main)

if __name__ == "__main__":
    app = QApplication(sys.argv)

    window = RightTopFrame()
    window.show()

    sys.exit(app.exec())
```

运行程序，得到第 3 部分的布局，如图 4-14 所示。

4.4.5　生成第 4 部分的布局

第 4 部分（下半部分左侧区域）的布局包含 5 个按钮，从左向右水平排列，垂直方向上居中显示。根据这个布局，可以使用下面的文字要求 ChatGPT 返回对应的代码。

图 4-14　第 3 部分的布局

用 PyQt6 编写程序，创建一个 QFrame 类，要使用 class LeftBottomFrame (QFrame) 形式，然后在 QFrame 对象上放置 5 个按钮组件，这些按钮垂直居中，沿水平方向从左向右排列。给出完整的实现代码和中文注释。

ChatGPT 会给出下面的代码。

代码位置：src/gui/left_bottom _layout_pyqt6.py

```
import sys
from PyQt6.QtWidgets import QApplication, QFrame, QPushButton,
                            QVBoxLayout, QHBoxLayout

# 定义一个自己的窗口类，继承自 QFrame
class LeftBottomFrame(QFrame):
    def __init__(self, parent=None):
        super().__init__(parent)

        # 初始化界面
        self.init_ui()

    def init_ui(self):
        # 设置窗口的标题
        self.setWindowTitle('我的窗口')

        # 设置主布局为垂直布局
        main_layout = QVBoxLayout()

        # 创建一个水平布局来存放按钮
```

```
        button_layout = QHBoxLayout()

        # 创建 5 个按钮，并添加到水平布局中
        for i in range(1, 6):
            button = QPushButton(f'按钮{i}', self)
            button_layout.addWidget(button)

        # 将按钮的水平布局添加到主布局中
        main_layout.addLayout(button_layout)

        # 将主布局设置为这个窗口的布局
        self.setLayout(main_layout)

if __name__ == "__main__":
    # 创建一个应用实例
    app = QApplication(sys.argv)
    # 创建一个窗口实例
    window = LeftBottomFrame()
    # 显示窗口
    window.show()
    # 进入应用的事件循环
    sys.exit(app.exec())
```

运行程序，得到第 4 部分的布局，如图 4-15 所示。

图 4-15　第 4 部分的布局

4.4.6　生成第 5 部分的布局

第 5 部分（下半部分右侧区域）有 4 个按钮，以 2*2 网格形式排列，而且居中显示。根据这个布局，用下面的文字要求 ChatGPT 返回对应的代码。

用 PyQt6 编写程序，创建一个 QFrame 类，要使用 class RightBottomFrame(QFrame) 形式，然后在 QFrame 对象上放置 4 个按钮组件，这 4 个组件以 2*2 表格形式排列，4 个按钮的尺寸是固定的。另外，在 QFrame 对象正中心，当 QFrame 对象尺寸改变时，这 4 个按钮仍然在 QFrame 对象的正中心。给出完整的实现代码和中文注释。

ChatGPT 会给出下面的代码。

代码位置： src/gui/right_bottom _layout_pyqt6.py

```
import sys
from PyQt6.QtWidgets import QApplication, QFrame, QPushButton, QVBoxLayout,
                            QHBoxLayout, QGridLayout, QWidget
```

```python
# 定义一个自己的窗口类，继承自 QFrame
class RightBottomFrame(QFrame):
    def __init__(self, parent=None):
        super().__init__(parent)

        # 初始化界面
        self.init_ui()

    def init_ui(self):
        # 设置窗口的标题
        self.setWindowTitle('我的窗口')

        # 创建一个 QGridLayout 实例
        grid_layout = QGridLayout()

        # 创建 4 个按钮，并添加到网格布局中
        # 参数的顺序是组件、行、列
        for i in range(4):
            button = QPushButton(f'按钮{i+1}')
            # 设置按钮的固定尺寸
            button.setFixedSize(100, 50)
            grid_layout.addWidget(button, i // 2, i % 2)

        # 创建一个垂直布局
        vbox_layout = QVBoxLayout()

        # 添加弹簧，这样可以把网格布局居中
        vbox_layout.addStretch(1)
        vbox_layout.addLayout(grid_layout)
        vbox_layout.addStretch(1)

        # 创建一个水平布局
        hbox_layout = QHBoxLayout()

        # 添加弹簧，这样可以使网格布局居中
        hbox_layout.addStretch(1)
        hbox_layout.addLayout(vbox_layout)
        hbox_layout.addStretch(1)

        # 将水平布局设置为窗口的布局
        self.setLayout(hbox_layout)

if __name__ == '__main__':
    # 创建一个应用实例
    app = QApplication(sys.argv)

    # 创建一个窗口实例
```

```
window = RightBottomFrame()

# 显示窗口
window.show()

# 进入应用的事件循环
sys.exit(app.exec())
```

运行程序，得到第 5 部分的布局，如图 4-16 所示。

4.4.7　完善布局代码

到现在为止，已经用 ChatGPT 自动生成了 5 个部分的布局代码，
但还需要做一些小的修改。为每一个布局类的构造方法（__init__()）
添加一个 parent 参数，因为在主程序中要通过该参数将 QFrame 对
象放到窗口上。GitHub Copilot 会帮助我们补全带 parent 的构造方

图 4-16　第 5 部分的布局

法，例如，下面是 LeftTopFrame 类的构造方法的修改代码，其他布局类的修改方式与之类似。

```
class LeftTopFrame(QFrame):
    def __init__(self, parent=None):
        # 调用父类的初始化方法
        super().__init__(parent)对话框
        ...
```

4.4.8　合并布局

在合并布局的过程中，会将前面生成的 5 个部分的布局代码合并到主程序中。首先，在主
程序（layout_pyqt6.py）开头添加下面的代码，用于引用这 5 个布局类。GitHub Copilot 也会辅
助生成这些代码。

```
from left_top_layout_pyqt6 import LeftTopFrame
from top_center_layout_pyqt6 import TopCenterFrame
from right_top_layout_pyqt6 import RightTopFrame
from left_bottom_layout_pyqt6 import LeftBottomFrame
from right_bottom_layout_pyqt6 import RightBottomFrame
```

然后，将__init__()方法中用于创建 QFrame 对象的 5 条语句改成如下形式。

```
self.frame1 = LeftTopFrame(self)
self.frame2 = TopCenterFrame(self)
self.frame3 = RightTopFrame(self)
self.frame4 = LeftBottomFrame(self)
self.frame5 - RightBottomFrame(self)
```

最后，注释掉下面的 5 条用于设置 5 个部分背景色的语句。

```
self.frame1.setStyleSheet("background-color: red;")
self.frame2.setStyleSheet("background-color: green;")
```

```
self.frame3.setStyleSheet("background-color: blue;")
self.frame4.setStyleSheet("background-color: yellow;")
self.frame5.setStyleSheet("background-color: orange;")
```

到现在为止，通过 ChatGPT 和 GitHub Copilot 的协助，这个复杂的布局程序终于完成了。运行程序，效果与 4-10 所示完全一样。在这个过程中，基本上没有人工进行编码，只是输入一些文字，然后组合这些生成的代码，最终形成了复杂的应用。如果大家遇到更复杂的程序，可以将程序进行拆分。如果拆分后还复杂，就继续拆分，直到足够简单为止。但要注意，当通过 ChatGPT 生成代码时，一定要设计好这些被拆分的部分之间的接口，否则生成的代码将无法组合到一起。

4.5　使用 Tkinter 和 Flask 实现网络图像搜索器

本节会介绍如何在 ChatGPT 与 GitHub Copilot 的帮助下利用 Tkinter 和 Flask 实现一个带服务器端的图像搜索器。使用 Tkinter 实现图像搜索器的客户端，使用 Flask 实现图像搜索器的服务器端。通过在客户端输入文件名，可以从服务器端获取搜索到的图像网络路径，然后在客户端展示搜索到的图像，如图 4-17 所示。

图 4-17　图像搜索器客户端展示的图像

4.5.1　在浏览器中显示图像

Flask 是 Python 第三方模块，用于实现轻量级 Web 应用。使用下面的命令安装 Flask 模块。

```
pip install Flask
```

使用下面的代码导入 Flask 模块。

```
import flask
```

在本节中，我们会利用 Flask 编写一个 Web 服务，在正式使用 ChatGPT 和 GitHub Copilot 生成代码之前，先要了解这个 Web 服务的主要功能。Web 服务的功能如下。

- 浏览图像：在浏览器中通过 URL 显示图像，其实 Web 服务读取了本地目录（本例是 images）中的图像，然后将图像发送给客户端（浏览器）。

- 搜索图像：Web 服务会接收客户端发过来的一个查询字符串，然后 Web 服务会根据文件名搜索 images 目录中所有的图像，如果图像文件名包含该查询字符串，就会被搜索到，最后会返回所有搜索到的图像文件名的相对路径，中间以逗号（,）分隔。

现在先使用 ChatGPT 实现第 1 个功能——浏览图像。实现这个功能的核心是在程序中添加一个支持 HTTT GET 请求的路由，然后在路由中根据要浏览的图像文件名，将对应的图像发送到客户端。根据这个需求，可以向 ChatGPT 提供下面的文字，要求 ChatGPT 给出用于浏览图像的 Web 服务代码。

> 用 Python 和 Flask 编写一个 Web 应用，将当前目录的 images 子目录作为图像存储路径，通过 GET 请求在浏览器中查看 images 子目录中的图像，图像会直接在浏览器中显示，格式为 http://localhost:1234/images/abc.jpg。给出完整的代码和中文注释。

注意，最好给 ChatGPT 提供一个如何访问 Web 服务的示例，这样 ChatGPT 会更好地生成 Web 应用的代码。

ChatGPT 生成的代码如下。

代码位置：src/gui/server.py

```python
# 导入 Flask 库
from flask import Flask, send_from_directory

# 创建一个 Flask Web 应用的实例
app = Flask(__name__)

# 定义一个路由，该路由会处理 GET 请求并返回 images 子目录中的图像文件
# 例如：当你访问 http://localhost:1234/images/abc.jpg 时，
# 它会从 images 子目录中找 abc.jpg 并在浏览器中显示
@app.route('/images/<path:filename>')
def display_image(filename):
    # 使用 send_from_directory 函数来安全地发送文件
    # 第一个参数是文件所在的目录，第二个参数是文件名
    return send_from_directory("images", filename)

# 当你运行这个文件时，它会启动一个 Web 服务器
# 在 127.0.0.1（localhost）上监听这个服务器，并使用端口号 1234
if __name__ == "__main__":
    app.run(host="127.0.0.1", port=1234)
```

我们可以看到，ChatGPT 生成了一个路由方法 display_image()，其核心是方法上面的 @app.route('/images/<path:filename>')，这是一个装饰器，用于告诉 Flask 框架如何处理特定 URL 模式的 HTTP 请求。该装饰器具体的解释如下。

- @app.route 是 Flask 中的一个装饰器，它告诉 Flask 通过该装饰器修饰的函数来处理符合特定 URL 模式的请求。

- /images/<path:filename>是一个 URL 模式。在这个模式中，/images/是 URL 的固定部分，而<path:filename>是一个变量部分。

- <path:filename>中的 path 表示这是一个路径转换器，它允许变量 filename 包含斜杠(/)。例如，folder/image.jpg 是有效的。如果使用<filename>（没有 path:部分），那么 filename 变量将不会包含斜杠。

- filename 是一个变量，它会匹配 URL 中/images/后面的部分，并且在 display_image() 函数中可以通过相同的 filename 来访问。

当你访问一个类似于 http://localhost:1234/images/some_folder/some_image.jpg 的 URL 时，Flask 会调用 display_image ()函数，并且 filename 变量的值将会是 some_folder/some_image.jpg。这个值会作为参数传递给 display_image()函数。

然后，display_image()函数使用 Flask 的 send_from_directory 来从 images 目录中发送文件。在这个示例中，它会查找并发送位于 images/some_folder/some_image.jpg 的文件。

在 server.py 文件的最后使用了下面的代码启动 Web 服务，port 是端口号，host 是绑定的 IP 地址。如果绑定了 127.0.0.1，就意味着，只有本机才能访问这个 Web 服务。

```
app.run(host="127.0.0.1", port=1234)
```

为了让在局域网内可以互通的计算机都可以访问 Web 服务，需要将 host 参数的值改成 0.0.0.0，代码如下。

```
app.run(host="0.0.0.0", port=1234)
```

现在支持浏览图像的 Web 服务已经完成了。在运行程序之前，先在 server.py 文件所在的目录中创建一个 images 子文件夹，并复制一些图像文件到 images 子文件夹中。

接下来，运行 server.py，会显示图 4-18 所示的信息。

假设 images 子文件夹中有一张名为 girl.png 的图像，那么打开浏览器，输入如下 URL，按 Enter 键后，会在浏览器中显示该图像，如图 4-19 所示。

图 4-18　启动 Web 服务后显示的消息

图 4-19　在浏览器中显示图像

4.5.2　搜索图像

搜索图像对应另外一个路由，该路由接收一个参数，用于根据图像文件名搜索图像，并返回搜索到的图像的相对路径，多个路径之间用逗号分隔。

根据业务描述，可以得到如下几个关键点。

- 路由接收一个查询字符串参数，也可以为这个字符串参数起一个名，如 query。
- 在 images 目录中使用文件名（不包括扩展名）搜索文件。
- 返回搜索到的图像的文件名的相对路径，多个路径之间用逗号分隔。

由于 ChatGPT 是支持上下文的，因此如果现在仍然在前面生成的显示图像代码的会话中，可以告诉 ChatGPT："接着这段程序"，这样 ChatGPT 会返回完整的 Web 服务程序。也可以用 GitHub Copilot，这样只会为你生成搜索图像的路由代码。输入下面的注释后，不断按 Enter 键和 Tab 键，会生成用于搜索图像的完整代码，如图 4-20 所示。

再添加一个路由，支持 GET 请求，该路由接收一个查询字符串参数 query，并且在 images 子目录中查找该文件（不包括扩展名），搜索文件名时，只要文件名包含查询字符串即可。然后返回搜索到的所有图像文件的相对路径，以字符串的形式返回，路径之间用逗号分隔。

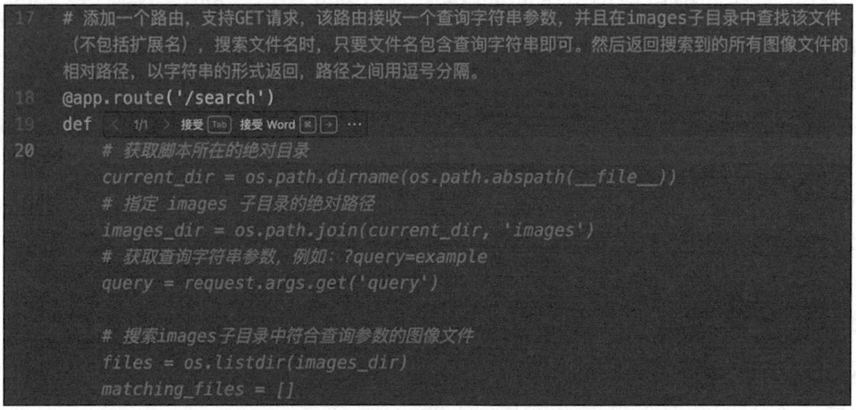

图 4-20　用 GitHub Copilot 生成的用于搜索图像的完整代码

如果用 ChatGPT 生成搜索图像的路由，可以使用下面的文字。

接着这段程序，再添加一个路由，支持 GET 请求，该路由接收一个查询字符串参数 query，并且在 images 子目录中查找该文件（不包括扩展名），搜索文件名时，只要文件名包含查询字符串即可。然后返回搜索到的所有图像文件的相对路径，以字符串的形式返回，路径之间用逗号分隔。

ChatGPT 会返回整个 Web 服务程序的代码，下面是搜索图像的路由代码。

```
# 这个新路由用于根据查询字符串参数搜索图像，并返回相对路径
@app.route('/search')
def search_images():
    # 获取脚本所在的绝对目录
    current_dir = os.path.dirname(os.path.abspath(__file__))
    # 指定 images 子目录的绝对路径
```

```
images_dir = os.path.join(current_dir, 'images')
# 获取查询字符串参数，例如 query=example
query = request.args.get('query')

# 搜索 images 子目录中符合查询参数的图像文件
files = os.listdir(images_dir)
matching_files = []
for file in files:
    # 检查文件名（不包括扩展名）是否与查询字符串参数匹配
    name, ext = os.path.splitext(file)
    if query and query in name:
        matching_files.append(os.path.join('images', file))

# 将匹配的文件路径用逗号分隔，然后返回
return ', '.join(matching_files)
```

现在重新启动 Web 服务，然后在浏览器的地址栏输入下面的 URL。

```
http://localhost:1234/search?query=robot
```

如果 images 目录中有文件名包含 robot 的图像，那么会显示图 4-21 所示的用逗号分隔的文件名的相对路径。

图 4-21 搜索图像

4.5.3 驾驭 AI 之感悟

到现在为止，我们已经实现负责浏览图像和搜索图像的 Web 服务，我们没有编写一行代码，这些代码都是 ChatGPT 和 GitHub Copilot 编写的。通过这两个 AI 工具，完成这些工作只需要几分钟，只要描述准确、严谨，生成的代码几乎是 100%准确的。即使生成的代码有一些问题，一般也不用调试，再让 ChatGPT 或 GitHub Copilot 重新生成就可以了。孔子说过，"三人行，必有我师焉"。对于 AI 来说，生成三遍，必有我满意的代码。如果用同一个描述，连续生成三遍，还不能满足自己的需求，或者与自己的需求有很大的差异，那么可能是以下原因。

- **AI 模型本身不够强大**。这种可能性并不大，因为 ChatGPT 是目前最强大的 AI 模型，尤其是 ChatGPT Plus，它基于 GPT-4，如果 GPT-4 不行，那么目前就没有 AI 模型可以胜任了。

- **描述不够准确**。这种情况下就看你的文学功底了，检查描述是否严谨，是否全面，是否有语病或歧义。

- **描述不合理**。出现这种情况有多种原因。例如，你的要求超出了 AI 的能力范围，或者你的要求根本不可能用你指定的技术实现，在这种情况下，ChatGPT 可能就会发挥自己一本正经地胡说八道的本事了，生成的一些代码很可能包含很多不存在的函数、方法、类。因为根本就没有相关的 API 可以实现你要求的功能，所以 ChatGPT 就会

根据概率统计，返回根本不存在的函数或方法调用。也就是说，ChatGPT 并不知道返回的是否正确，只根据概率，挑概率最大的内容返回，哪怕这些内容是错误的。就算对于同一个问题，每次计算得到的概率都是不同的，因此 ChatGPT 每次的回复也不完全一样。

- **描述过于复杂**。其实这个问题是最普遍的。尽管 ChatGPT、New Bing、GitHub Copilot 这些 AI 工具可以接收数百甚至数千字符作为输入，但对于过于复杂的问题，尤其是本来就复杂的编程问题，AI 模型也和人类一样，可能会忽略一些细节。于是，就会造成生成的代码只有部分符合自己要求的情况，好像其他的要求自己从来没提过一样。解决这个问题的方法也很简单，就是分治法。将大问题分拆，变成中等的问题。如果中等问题仍然很复杂，再继续将问题分拆，变成小问题。如果小问题仍然很复杂，再继续分拆，变成微问题，直到每一个问题都变得一目了然为止。当每一个小问题被解决后，就会逐渐将小问题合并，组合成大问题。最终，所有被分拆的问题被组合成最初的超级复杂的问题。

对于让 ChatGPT 这样的 AI 工具为自己编写代码这个工作，也是如此。有人说，ChatGPT 的编程能力可以达到中级程序员的程度，其实这样评价 ChatGPT 太过肤浅，ChatGPT 的能力能达到什么程度很大程度上取决于它的使用者。就像对于同一把价值数百万美元的小提琴，由一个世界顶级的小提琴演奏家演奏的效果和一个小提琴培训班刚毕业的学生演奏的效果肯定是不同的。对于同一把小提琴，不同人演奏，会出现完全不同的效果，云泥之别。

ChatGPT 也一样，ChatGPT 到底能解决多复杂的问题很大程度上并不在于 ChatGPT 本身，而在于使用者如何处理复杂的问题，如何化繁为简。因此，是否能驾驭 ChatGPT 并不完全是很多人所说的撰写提示词的问题。如果问题相当复杂，就算提示词写得完美无缺，ChatGPT 可能也无法完美解决问题。要将复杂问题分解，再分解，直到 ChatGPT 可以完美解决为止。当然，关键点还不是分解，而是 ChatGPT 解决完每一个小问题后，如果将这些小问题合并成最初的大问题，所以关键中的关键是设计一套接口，将小问题作为黑盒。不管小问题解决得怎么样，都不会从根本上影响全局，某一个小问题解决不好，单独处理即可。就像在 4.4 节用 ChatGPT 实现的复杂布局一样，将每一部分的布局单独作为一个从 QFrame 派生的类，并放到单独的 Python 文件中。而不是将代码直接插入主程序，就算某一个布局类不能满足自己的要求，重新生成这个类即可，这个类完全不影响其他布局类和主程序。所以影响 ChatGPT 的使用效果的关键点有如下几个。

- **提示词**：这是最基础的，就像唱歌不跑调是最基本的要求一样。如果提示词不合适，一直没说清楚，ChatGPT 自然也不会为你生成想要的内容了。
- **复杂问题的分拆技巧**：这是让 ChatGPT 升华的关键，也决定着 ChatGPT 处理复杂问题的天花板。关于技巧性的东西，需要自己领悟，本书会通过大量的案例让读者更深地体会如何分拆各种类型的技术问题。

- **设计接口**：分拆容易，但 ChatGPT 为你解决了每一个小问题之后，需要将这些小问题再组合成最初的复杂问题，而组合的关键就是接口。
- **组合问题**：这是最后一步，也是最关键的一步，如果做不好，前面的分拆毫无意义。组合就是利用接口逐渐将不同级别的小问题逐级合并为较大的问题，直到恢复到最初的复杂问题为止。而本书的目的之一就是让读者了解各种复杂问题如何分拆，以及如何合并。

总之，你有多强，ChatGPT 就有多强！

4.5.4　分解搜索图像客户端

从现在开始，我们会利用 ChatGPT 实现图像搜索的另一部分，也就是客户端。图像搜索客户端的效果如图 4-22 所示。

图 4-22　图像搜索客户端的效果

这个程序并不复杂，但如果一次性让 ChatGPT 生成所有的代码，我们并没有把握，估计 ChatGPT 也没有把握。因为描述比较复杂，只要 ChatGPT 漏掉一个细节，就无法完全满足我们的要求，所以保险起见，还将这个程序分成多步实现。

在将任务分解之前，先看一下这个程序的功能。在窗口上方输入查询字符串后，单击"搜索"按钮，就会通过 URL 访问 Web 服务，然后获取搜索到的图像路径列表，并解析这个列表。最后，在窗口下方根据路径数量插入同样数量的用于显示图像的组件，并将每一张搜索到的图像显示在对应的组件中。

从上述功能描述中，可以将程序分解为如下 3 步。

（1）实现窗口布局。

（2）通过 URL 访问 Web 服务，并搜索图像。

（3）根据搜索到的图像路径创建同样数量的用于显示图像的组件，并将图像显示在对应的组件中。

从下一节开始，将按以上 3 步用 ChatGPT 和 GitHub Copilot 来实现这个图像搜索器的客户端。

4.5.5　实现图像搜索客户端的窗口布局

在这一步中，先通过 ChatGPT 生成图像搜索器的布局代码，所以需要向 ChatGPT 提供下面的文本。

用 Python 和 Tkinter 创建一个 800 ＊ 400 的窗口程序（尺寸不可改变）。窗口分为上下两个区域，上面的区域从左到右分别放置一个标签组件（文本是"文件名"）、一个文本输入框组件和一个按钮组件（文本是"搜索"），在窗口中摆放第一个区域后，其余部分都分配给第 2 个区域。给出详细的实现代码和中文注释。

ChatGPT 会给出下面的代码。

代码位置：src/gui/search_image.py

```python
import tkinter as tk
from tkinter import Entry, Label, Button, StringVar

# 创建一个 Tkinter 窗口
root = tk.Tk()

# 设置窗口的大小为 800*400，并且不允许改变窗口大小
root.geometry("800*400")
root.resizable(False, False)

# 创建一个 Frame 用于放置上面的组件，设置它的高度为 50，并填充到窗口的宽度
top_frame = tk.Frame(root, height=50)
top_frame.pack(fill=tk.X, side=tk.TOP)

# 在 top_frame 中添加一个标签组件，文本是"文件名"
label = Label(top_frame, text="文件名")
label.pack(side=tk.LEFT, padx=10)

# 在 top_frame 中添加一个文本输入框组件
entry_var = StringVar()
entry = Entry(top_frame, textvariable=entry_var)
entry.pack(side=tk.LEFT, expand=True, fill=tk.X, padx=10)

# 在 top_frame 中添加一个按钮组件，文本是"搜索"
button = Button(top_frame, text="搜索")
button.pack(side=tk.LEFT, padx=10)

# 创建一个 Frame 用于放置下面的区域，设置它的 relief 为 SUNKEN 以区分上下两个区域，并填充剩下的空间
bottom_frame = tk.Frame(root, relief=tk.SUNKEN, bd=1)
```

```
bottom_frame.pack(side=tk.TOP, expand=True, fill=tk.BOTH)


# 启动 Tkinter 的主循环
root.mainloop()
```

运行程序，得到图像搜索器的主窗口，如图 4-23 所示。

图 4-23　图像搜索器的主窗口

4.5.6　搜索图像

在本节中，我们会实现"搜索"按钮的单击事件[①]，单击"搜索"按钮，会通过类似于下面的 URL 访问 Web 服务，并搜索图像。

```
http://localhost:1234/search?query=girl
```

可以直接利用 GitHub Copilot 生成按钮的单击事件代码（也可以用 ChatGPT 生成代码）。在 search_image.py 文件中找到如下代码。

```
button.pack(side=tk.LEFT, padx=10)
```

在这行代码下面，插入如下注释。

```
# 为 button 添加单击事件，单击按钮，访问前面用 Flask 编写的图像服务程序，通过 http://localhost:1234/
search?query=xxx 访问服务器端，其中 xxx 是从文本输入框中获取的值。最后从服务器端获取搜索数据后（相对
路径用逗号分隔），解析这些相对路径，将这些相对路径与 http://localhost:1234/ 组合成绝对路径，添加到一
个列表中，最后将列表的内容输出到终端。
```

---

① 关于事件和事件函数，在 PyQt 中的叫法与其他编程语言有一定的差异。事件函数在 PyQt 中称为槽函数，而事件称为槽。
触发事件的机制称为信号。不过为了让没有接触过 PyQt 的读者更容易理解，本书仍然采用传统的称谓，其实事件和槽
是一回事。

不断按 Enter 键和 Tab 键后，会生成如图 4-24 所示的代码。

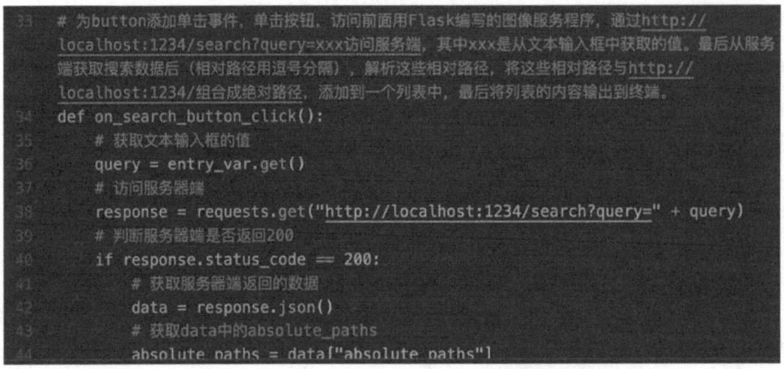

图 4-24 用 GitHub Copilot 生成的代码

on_search_button_click()函数是 button 的单击事件函数，所以需要使用下面的代码为 button 函数指定单击事件。

```
button = Button(top_frame, text="搜索", command=on_search_button_click)
```

然后将与 button 相关的代码放到 on_search_button_click()函数后面，否则无法找到 on_search_button_click()函数。

on_search_button_click()函数的完整代码如下。

```
def on_search_button_click():
    # 获取文本输入框的值
    query = entry_var.get()
    # 访问服务器端
    response = requests.get("http://localhost:1234/search?query=" + query)
    # 判断服务器端是否返回 200
    if response.status_code == 200:
        # 获取服务器端返回的数据
        data = response.json()
        # 获取 data 中的 absolute_paths
        absolute_paths = data["absolute_paths"]
        # 输出 absolute_paths
        print(absolute_paths)
    else:
        print("Error: Unable to fetch data from server")
```

注意，生成的代码使用了 requests 模块，该模块用于请求网络，可以使用下面的命令安装。

```
pip install requests
```

运行程序，在文本框中输入查询字符串，然后单击"搜索"按钮，会在终端输出下面的内容。

```
['http://localhost:1234/images/girl.png', 'http://localhost:1234/images/girl4.jpg',
'http://localhost:1234/images/girl2.jpg', 'http://localhost:1234/images/girl3.jpg',
'http://localhost:1234/images/girl1.jpg']
```

4.5.7 显示搜索到的图像

在本节中，我们仍然会修改 on_search_button_click()函数，如果使用 ChatGPT，并且没有开启新的会话，那么可以在 ChatGPT 中输入下面的内容。

继续改进程序，当搜索出图像的绝对路径后，根据图像的路径数，在第 2 部分添加与图像路径数量相同的用于显示图像的组件。图像组件的尺寸是 150*150，同时下载图像并将图像显示在对应的图像组件中。图像在组件中要等比例缩放显示。第 2 部分显示 3 列图像，行数根据图像数确定。如果图像显示不下，需要滚动。再次查询，需要先清空第 2 部分中的所有图像组件，重新生成图像组件。

ChatGPT 会返回更完善的程序，其中 on_search_button_click 函数的完整代码如下。

```python
def on_search_button_click():
    # 清除 bottom_frame 的内容
    for widget in bottom_frame.winfo_children():
        widget.destroy()

    # 从输入框获取查询字符串
    query = entry_var.get()

    # 发送HTTP GET请求到Flask服务
    response = requests.get(f'http://localhost:1234/search?query={query}')

    # 检查响应状态码
    if response.status_code == 200:
        # 获取以逗号分隔的相对路径
        relative_paths = response.text.split(', ')

        # 将相对路径与基本URL组合成绝对路径，并添加到列表中
        base_url = 'http://localhost:1234/'
        absolute_paths = [base_url + path for path in relative_paths]
        print(absolute_paths)
        # 创建 Canvas 和 Scrollbar
        canvas = Canvas(bottom_frame)
        scrollbar = Scrollbar(bottom_frame, orient="vertical", command=canvas.yview)
        scrollable_frame = tk.Frame(canvas)

        # 放置组件
        scrollbar.pack(side="right", fill="y")
        canvas.pack(side="left", fill="both", expand=True)
        canvas.create_window((0, 0), window=scrollable_frame, anchor="nw")
        canvas.configure(yscrollcommand=scrollbar.set)

        # 添加图像到scrollable_frame中
        for i, image_url in enumerate(absolute_paths):
            # 下载图像
            image_data = requests.get(image_url).content
            image = Image.open(io.BytesIO(image_data))
```

```
            # 调整图像大小以适应 150*150 像素，同时保持纵横比
            image.thumbnail((150, 150))

            # 创建 PhotoImage 对象
            photo = ImageTk.PhotoImage(image)

            # 创建 Label 用于显示图像，并将其放置到合适的位置
            label = Label(scrollable_frame, image=photo)
            label.image = photo
            label.grid(row=i // 3, column=i % 3)

        # 更新 scrollregion
        scrollable_frame.update_idletasks()
        canvas.config(scrollregion=canvas.bbox("all"))

    else:
        print("Error: Unable to fetch data from server")
```

ChatGPT 对之前的代码进行了几个改进。

- 使用 PIL（Pillow）库来处理和显示图像。如果你还没有安装它，请通过运行 pip install Pillow 命令安装 PIL 模块。
- 在 bottom_frame 中使用一个 Canvas 和一个 Scrollbar，以支持滚动。
- 当单击搜索按钮时，清除 bottom_frame 中的内容，并根据搜索结果添加图像。
- 下载图像，调整其大小以适应 150*150 像素的尺寸，同时保持纵横比，并将其显示在 bottom_frame 中。

到现在为止，图像搜索器的服务器端和客户端都完成了，我们基本上没写什么代码，倒是输入了不少汉字。读者可以保留一些好的生成文本，以后要生成类似的程序，可以继续使用。

4.6　使用 C#实现网络图像搜索器

如果你突然接到新的任务，让用 C#实现一个同样的图像搜索器客户端，怎么办？即使你对 C#不熟悉，不过有了 ChatGPT，一切也不是问题。如果你仍然没有开启新会话，那么可以向 ChatGPT 提供下面的内容。

将前面用 Tkinter 实现的用于搜索并显示图像的 Python 程序转换为 C#程序，只使用内置库实现，不要使用第三方库。使用 WinForm 实现。

如果开启了新会话，那么可以通过提供源代码的方式进行代码转换，如可以向 ChatGPT 提供如下内容。

将下面用 Tkinter 实现的用于搜索并显示图像的 Python 程序转换为 C#程序，只使用内置库实现，不要使用第三方库。使用 WinForm 实现。

```
...
# 定义按钮单击事件处理函数
def on_search_button_click():
    # 清除 bottom_frame 的内容
    for widget in bottom_frame.winfo_children():
        widget.destroy()
...
```

ChatGPT 生成的 C#代码并不能直接用，需要用 Visual Studio 创建一个空的 WinForm 项目，然后将部分代码按一定的位置复制到 Form1.cs 文件中，形成现在的 Form1.cs 中的代码。

代码位置：/src/gui/ImageSearcher/ImageSearcher/Form1.cs

```csharp
using System;
using System.Collections.Generic;
using System.ComponentModel;
using System.Data;
using System.IO;
using System.Net;
using System.Linq;
using System.Text;
using System.Threading.Tasks;
using System.Windows.Forms;
using System.Drawing;
using System.Drawing.Printing;

namespace ImageSearcher
{
    public partial class Form1 : Form
    {
        private FlowLayoutPanel bottomPanel;
        private TextBox textBox;
        private const string baseUrl = "http://192.168.31.226:1234/";
        public Form1()
        {

            InitializeComponent();
            InitializeCustomComponents();
        }
        private void InitializeCustomComponents()
        {
            this.Text = "图像搜索器";
            this.Size = new Size(800, 400);
            this.FormBorderStyle = FormBorderStyle.FixedDialog;

            Panel topPanel = new Panel { Dock = DockStyle.Top, Height = 50 };
```

```
        this.Controls.Add(topPanel);

        Label label = new Label { Text = "文件名", Location
                = new Point(10, 15),Width=60 };
        topPanel.Controls.Add(label);

        textBox = new TextBox { Location = new Point(80, 10), Width = 600 };
        topPanel.Controls.Add(textBox);


        Button button = new Button { Text = "搜索", Location
                = new Point(690, 10) };
        button.Click += new EventHandler(SearchButton_Click);
        topPanel.Controls.Add(button);

        bottomPanel = new FlowLayoutPanel { Dock = DockStyle.Fill, AutoScroll
                = true,Padding= new Padding(0,30,0,0) };
        this.Controls.Add(bottomPanel);

        topPanel.BringToFront();
    }
    private void SearchButton_Click(object sender, EventArgs e)
    {
        bottomPanel.Controls.Clear();
        string query = textBox.Text;

        try
        {
            WebClient webClient = new WebClient();
            string response = webClient.DownloadString($"{baseUrl}search?query
                    ={query}");
            string[] relativePaths = response.Split(new[] { ", " },
                                            StringSplitOptions.None);

            foreach (string relativePath in relativePaths)
            {
                string absolutePath = baseUrl + relativePath;
                byte[] imageData = webClient.DownloadData(absolutePath);

                using (MemoryStream stream = new MemoryStream(imageData))
                {
                    Image image = Image.FromStream(stream);
                    PictureBox pictureBox = new PictureBox
                    {
                        Image = image,
                        SizeMode = PictureBoxSizeMode.Zoom,
```

```
                            Width = 150,
                            Height = 150,
                            Margin = new Padding(10)
                        };
                        bottomPanel.Controls.Add(pictureBox);
                    }
                }
            }
        catch (Exception ex)
        {
            MessageBox.Show($"Error: Unable to fetch data from server\n
                        {ex.Message}");
        }
    }
    private void Form1_Load(object sender, EventArgs e)
    {

    }
    }
}
```

注意，在运行程序之前，先要将 base-url 中 URL 的 IP 地址改成 server.py 所在机器的 IP 地址。

运行程序，然后启动 server.py，并在文本框中输入一个搜索字符串，然后单击"搜索"按钮，会展示图 4-25 所示的效果。从整体效果来看，这与用 Tkinter 编写的图像搜索器客户端类似，只是一个在 Windows 系统下运行，一个在 macOS 下运行。

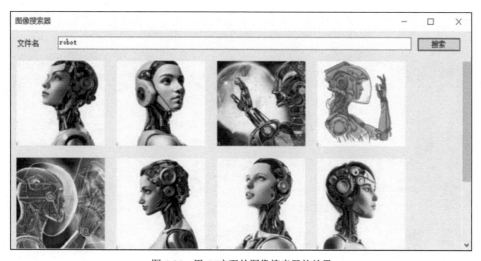

图 4-25 用 C#实现的图像搜索器的效果

4.7　小结

　　本章以桌面应用为例，深入讲解了如何将一个复杂的程序分解成多个小部分，然后分别用 ChatGPT 和 GitHub Copilot 生成不同部分的代码，最后再将这些代码合并成一个大系统。其实应用 ChatGPT 或 GitHub Copilot 的关键点只有一个，就是化繁为简。另外，ChatGPT 与 GitHub Copilot 虽然都能生成代码，但是二者并不能互相取代，二者各有千秋。ChatGPT（尤其是 ChatGPT Plus）生成完整方案的能力要比 GitHub Copilot 强，所以通常使用 ChatGPT 完成初步的代码生成，而利用 GitHub Copilot 的代码补全功能对用 ChatGPT 初步生成的代码进行微调，或者根据上下文生成新的函数、方法、语句等，以及完善和检测已经存在的代码。总之，类似于 ChatGPT、GitHub Copilot 这样的 AI 代码生成工具通常要混合使用，才能达到比较理想的效果。

第5章 自动化编程实战：Web 应用

在本章中，我们会结合 ChatGPT 以及 GitHub Copilot，自动编写与 Web 相关的应用，实现一些纯 Web 的页面，如轮播图、Web 特效（随鼠标指针移动的小星星）、键盘指法练习器。我们还会学习如何将桌面应用转换为 Web 应用，如何利用 ChatGPT 和 GitHub Copilot 开发各种类型的 Chrome 插件。为了实现这一切，除输入一些提示文字外，我们基本上不需要编写一行代码。

5.1 Web 特效

下面介绍利用 ChatGPT 和 GitHub Copilot 自动生成一些 Web 特效和应用的方法。

5.1.1 轮播图

轮播图是 Web 页面中常见的应用，主要用于展示多页图像或其他页面，每隔一定时间会自动切换。用户也可以通过单击页面切换器（通常位于轮播图下方的小点）切换到任意页面。轮播图组件的实现代码在网上非常多。但这些轮播图组件都是固定样式的，如果要定制这些轮播图组件，就需要理解其中的代码。对于 Web 技术不熟悉的读者，这可能比较麻烦。不过有了 ChatGPT，用户只要输入提示文字，就能自动生成任何形式的轮播图。图 5-1 展示了一幅标准样式的轮播图。这个轮播图并不是手工编码实现的，也不是现成的轮播图组件实现的，而是直接使用 ChatGPT 生成的，用时不到 1min，一次生成，且是独一无二的形式。

图 5-1　轮播图

用户在让 ChatGPT 如何生成轮播图代码之前，要想清楚到底想要什么样的轮播图。根据图 5-1 所示的轮播图样式，可以得出如下关键点。

- 轮播图可以自动循环播放，每隔一定时间切换一次。
- 轮播图正下方是页面切换器，由 5 个点组成，所以轮播图一共 5 页。

了解了这两个关键点，我们就可以组织如下文本，并向 ChatGPT 发出请求。

用 HTML、CSS 和 JavaScript 等 Web 技术实现一个 Web 版的轮播图应用。轮播图在页面的正中心显示。页面切换功能在轮播图的正下方水平中心的位置。轮播图每 3 秒自动切换一次，通过页面切换功能也可以切换轮播图中的某一个页面。轮播图一共 5 页。页面使用的样式文件是 slideshow.css，使用的 JavaScript 文件是 slideshow.js。给出完整的代码和中文注释。

注意，生成 Web 页面的代码通常会同时生成.html 文件、.css 文件和.js 文件。.html 文件是主文件，在.html 文件中会引用.css 文件和.js 文件，所以最好在.html 文件中指定.css 文件名和.js 文件名，如本例的 slideshow.css 和 slideshow.js，否则 ChatGPT 会自己随便指定一个。如果要生成多个这样的页面，.css 文件和.js 文件名可能会冲突，到时还需要再修改代码，所以直接告诉 ChatGPT 要生成的.css 文件名和.js 文件名。这样.html 文件在引用.css 文件时，就会使用指定的.css 文件和.js 文件。

ChatGPT 会根据前面的描述，分别给出.html 文件、.css 文件和.js 代码。

HTML 代码如下。

代码位置：src/web/slideshow.html

```html
<!DOCTYPE html>
<html lang="zh-CN">
<head>
    <meta charset="UTF-8">
    <meta http-equiv="X-UA-Compatible" content="IE=edge">
    <meta name="viewport" content="width=device-width, initial-scale=1.0">
    <title>轮播图示例</title>
    <link rel="stylesheet" href="slideshow.css">
</head>
<body>
```

```html
<!-- 创建轮播图容器 -->
<div class="slider">
    <!-- 插入 5 张图片 -->
    <div class="slides">
        <div class="slide"><img src="../images/girl.png" alt="图片 1"></div>
        <div class="slide"><img src="../images/girl1.jpg" alt="图片 2"></div>
        <div class="slide"><img src="../images/girl2.jpg" alt="图片 3"></div>
        <div class="slide"><img src="../images/girl3.jpg" alt="图片 4"></div>
        <div class="slide"><img src="../images/girl4.jpg" alt="图片 5"></div>
    </div>
    <!-- 创建页面切换功能 -->
    <div class="dots">
        <span class="dot"></span>
        <span class="dot"></span>
        <span class="dot"></span>
        <span class="dot"></span>
        <span class="dot"></span>
    </div>
</div>

<!-- 引入 JavaScript -->
<script src="slideshow.js"></script>
</body>
</html>
```

CSS 代码如下。

代码位置：src/web/slideshow.css

```css
/* 设置整个页面居中 */
body, html {
    height: 100%;
    margin: 0;
    display: flex;
    align-items: center;
    justify-content: center;
    background: #f2f2f2;
}

/* 轮播图样式 */
.slider {
    position: relative;
    width: 600px;
    height: 400px;
    overflow: hidden;
}

.slides {
    display: flex;
```

```
    width: 100%;
    height: 100%;
}

.slide {
    width: 100%;
    height: 100%;
    flex-shrink: 0;
}

.slide img {
    width: 100%;
    height: 100%;
    object-fit: cover;
}

/* 页面切换功能样式 */
.dots {
    position: absolute;
    bottom: 10px;
    left: 50%;
    transform: translateX(-50%);
    display: flex;
}

.dot {
    width: 10px;
    height: 10px;
    margin: 0 5px;
    background-color: #bbb;
    border-radius: 50%;
    cursor: pointer;
}

/* 设置选中状态的样式 */
.dot.active {
    background-color: #717171;
}
```

JavaScript 代码如下。

代码位置： src/web/slideshow.js

```
let currentIndex = 0; // 当前显示的图片的索引
const slides = document.querySelectorAll('.slide'); // 获取所有的轮播图元素
const dots = document.querySelectorAll('.dot'); // 获取所有的页面切换元素

// 每 3 秒自动切换轮播图
```

```
setInterval(nextSlide, 3000);

// 切换到下一张轮播图
function nextSlide() {
    currentIndex++;
    if (currentIndex > slides.length - 1) {
        currentIndex = 0; // 如果到了最后一幅图, 再次切换时返回第一幅图
    }
    updateSlides();
}

// 更新轮播图
function updateSlides() {
    // 隐藏所有轮播图
    for (let slide of slides) {
        slide.style.transform = `translateX(-${currentIndex * 100}%)`;
    }

    // 将对应的页面切换点设置为选中状态
    for (let i = 0; i < dots.length; i++) {
        dots[i].classList.remove('active');
        if (i === currentIndex) {
            dots[i].classList.add('active');
        }
    }
}

// 为页面切换点添加单击事件
for (let i = 0; i < dots.length; i++) {
    dots[i].addEventListener('click', function() {
        currentIndex = i; // 将当前索引设置为单击的页面切换点的索引
        updateSlides(); // 更新轮播图
    });
}
```

生成代码的核心点在 slideshow.js 文件中, 在该文件中使用 setInterval(nextSlide, 3000)设置每 3 秒切换一幅图的功能, 然后通过 nextSlide()函数调用 updateSlides()函数实现具体的图片更换。在 slideshow.js 开头使用 document.querySelectorAll()获取所有轮播图的元素, 这就是 slideshow.js 要在 slideshow.html 最后引用的原因。

5.1.2 跟随鼠标指针移动的小星星

在本节中, 我们会实现一个 Web 版的特效, 当鼠标指针在页面上移动时, 会有很多彩色的小星星跟着鼠标指针的轨迹移动, 并且不断散落, 效果如图 5-2 所示。

图 5-2　跟随鼠标指针移动的小星星的效果

根据要实现的 Web 特效的功能，可以向 ChatGPT 提供如下文字。

使用 HTML、CSS 和 JavaScript 实现一个 Web 特效。页面的背景是黑色的，鼠标指针在页面中移动，有一些彩色的小星星会随着鼠标指针移动，并形成移动轨迹的同时不断洒落。将 CSS 和 JavaScript 文件都放到.html 文件中。给出完整的实现代码和中文注释。

如果不想生成多个文件，可以要求 ChatGPT 将.css 文件和 JavaScript 文件放到.html 文件中。

ChatGPT 会根据上面的提示文字给出下面的代码。

代码位置：src/web/stars.html

```
<!DOCTYPE html>
<html lang="zh">

<head>
    <meta charset="UTF-8">
    <meta name="viewport" content="width=device-width, initial-scale=1.0">
    <title>星星特效</title>
    <style>
        /* 设置背景颜色为黑色 */
        body, html, #canvas {
            background-color: black;
            margin: 0;
            padding: 0;
            width: 100%;
            height: 100%;
        }
    </style>
</head>

<body>
    <!-- 创建一个画布用于绘制星星 -->
    <canvas id="canvas"></canvas>

    <script>
        // 获取画布并设置其大小
```

```
const canvas = document.getElementById("canvas");
canvas.width = window.innerWidth;
canvas.height = window.innerHeight;
const ctx = canvas.getContext("2d");

// 星星数组
const stars = [];

// 创建星星的构造函数
function Star(x, y, radius, color, velocity) {
    this.x = x;
    this.y = y;
    this.radius = radius;
    this.color = color;
    this.velocity = velocity;
}

// 绘制星星
Star.prototype.draw = function () {
    ctx.beginPath();
    ctx.arc(this.x, this.y, this.radius, 0, Math.PI * 2, false);
    ctx.fillStyle = this.color;
    ctx.fill();
    ctx.closePath();
}

// 更新星星的位置
Star.prototype.update = function () {
    this.y += this.velocity;
    this.draw();
}
// 当鼠标指针移动时创建星星
window.addEventListener("mousemove", (event) => {
    const x = event.clientX;
    const y = event.clientY;
    const radius = Math.random() * 3;
    const color = `rgb(${Math.random() * 255}, ${Math.random() * 255},
                    ${Math.random() * 255})`;
    const velocity = Math.random() * 3;
    const star = new Star(x, y, radius, color, velocity);
    stars.push(star);
});

// 动画函数
function animate() {
    requestAnimationFrame(animate);
```

```
        ctx.clearRect(0, 0, canvas.width, canvas.height);

        // 更新每个星星的位置
        for (let i = 0; i < stars.length; i++) {
            stars[i].update();
            if (stars[i].y > canvas.height) {
                stars.splice(i, 1);
            }
        }
    }

    // 开始动画
    animate();
  </script>
</body>

</html>
```

　　这段代码的主要目的是使用 HTML、CSS 和 JavaScript 创建一种 Web 特效。其中。当鼠标指针在页面上移动时，会产生随机颜色的小星星，并沿着鼠标指针的移动轨迹不断洒落。

　　下面详细解释这段代码。

　　在 HTML 结构方面，一个<canvas>元素放置在<body>中。这个<canvas>元素用作绘制星星的画布。

　　在 CSS 样式方面，body、html 和#canvas 都设置成黑色背景，并且宽度和高度都设置为100%，以确保它们占据整个页面。

　　在 JavaScript 方面，实现的功能如下。

　　（1）获取画布并设置其大小来填充整个窗口。另外，获取一个 2D 渲染上下文，这是一个包含很多画图功能的对象。

　　（2）使用 stars 数组来存储星星对象。

　　（3）定义一个 Star()构造函数，用于创建具有一定属性的星星对象。这些属性包括 x 和 y 坐标、半径、颜色和速度。这个函数还包含两个方法——draw()和 update()。draw()方法用于在画布上绘制一个星星，而 update()方法用于改变星星的位置。

　　（4）通过监听 mousemove 事件，我们在鼠标指针移动时创建新的星星。对于每颗星星，我们随机生成其半径、颜色和速度，并将它的初始位置设置为鼠标指针的当前位置。创建的星星对象被推送到 stars 数组中。

　　（5）这段代码中有一个名为 animate()的函数，它使用 requestAnimationFrame()函数来创建一个动画循环。在这个循环中，我们首先清除整个画布，然后遍历 stars 数组并对每个星星调用 update()方法，这会促使星星向下移动。如果星星超出画布的底部，我们就将其从数组中删除。

　　（6）调用 animate()函数以启动动画循环。

　　总体来说，这段代码创建了一个动态的星星效果，其中当用户在页面上移动鼠标指针时，会生成随机颜色的星星，并沿着鼠标指针的轨迹移动并下落。这是通过使用 HTML 的<canvas>元素，并用 JavaScript 来动态绘制和更新星星实现的。

5.1.3　键盘指法练习器

在本节中，我们实现一个复杂且很实用的 Web 应用——键盘指法练习器。这个 Web 应用的基本功能就是帮用户练习指法。从页面上方不断向下方随机移动各种颜色的字母，然后用户根据这些字母按键盘上的按键，如果按键恰好与屏幕上正在移动的字母相同，那么该字母就会消失，更好的效果是做一些特效，以及配上音乐。

这个 Web 应用还是比较复杂的，难点是如何用文字将这个 Web 应用的功能描述清楚。这个描述的关键点如下。

- 页面上有多个随机字母，移动方向从屏幕上方到下方，直至消失。
- 字母使用不同的随机颜色。
- 字母要快速从页面顶端移动到底端，移动要快，否则就起不到练习指法的目的，可以通过规定移动的最大时长来解决这个问题。
- 页面同时存在的字母不能太多，否则看着太乱了，不知道该敲击哪一个按键。
- 页面接收按键动作，如果按的键与当前页面上显示的字母相同，则该字母消失，并配有音效。
- 页面左上角是计分系统，每消失一个字母计分加 1。这个功能不是必需的，但可以增加 Web 应用的趣味性。
- 随着时间的推移，新产生的字母向下移动的速度会越来越快。增加这个功能是让键盘指法练习器更具有可玩性，玩的时间越久，难度越大。

根据上面的这些关键点，可以写出如下文本，并提交给 ChatGPT。

使用 HTML、CSS、JavaScript 等实现键盘指法练习器的代码，页面背景色是黑色。屏幕上有多个不断快速移动的、随机出现的字母，移动方向从屏幕上方到下方，直至消失。字母要用不同的随机颜色，从页面顶端移动到底端的时间不能超过 8 秒，而且页面同时存在的字母不能超过 10 个。页面接收按键，如果用户按的键正好与当前页面上显示的字母相同，则该字母会消失，并配有音效，页面左上角是计分系统，每消失一个字母，计分加 1。随着时间的推移，字母向下移动的速度会越来越快，随机产生的字母和已经存在的字母都是匀速运动的。将 CSS 和 JavaScript 代码都放到.html 文件中，给出完整的实现代码和中文注释。

ChatGPT 会回复如下代码。

代码位置：src/web/keyboard-practice.html

```
<!DOCTYPE html>
<html>
<head>
    <title>键盘指法练习器</title>
    <style>
        /* 设置页面背景色为黑色 */
        body {
```

```
            background-color: black;
            margin: 0;
            padding: 0;
        }

        /* 设置字母的样式 */
        .letter {
            position: absolute;
            font-size: 24px;
            font-weight: bold;
            user-select: none;
        }

        /* 设置计分系统样式 */
        #score {
            color: white;
            font-size: 18px;
            font-weight: bold;
            position: fixed;
            top: 10px;
            left: 10px;
        }
    </style>
</head>
<body>
    <!-- 计分系统 -->
    <div id="score">得分：0</div>

    <script>
        // 存储当前得分和已存在的字母数量
        let score = 0;
        let letterCount = 0;

        // 获取页面宽度和高度
        const pageWidth = window.innerWidth;
        const pageHeight = window.innerHeight;

        // 创建字母元素并设置初始样式
        function createLetter() {
            // 生成随机字母
            const letter = String.fromCharCode(65 + Math.floor(Math.random() * 26));

            // 创建字母元素
            const letterElement = document.createElement('div');
            letterElement.className = 'letter';
```

```
        letterElement.innerText = letter;

        // 随机设置字母的位置和颜色
        const x = Math.random() * (pageWidth - 50);
        const y = 0;
        const color = getRandomColor();
        letterElement.style.left = x + 'px';
        letterElement.style.top = y + 'px';
        letterElement.style.color = color;

        // 将字母添加到页面中
        document.body.appendChild(letterElement);

        // 字母下落动画
        animateLetter(letterElement);
    }

    // 生成随机颜色
    function getRandomColor() {
        const letters = '0123456789ABCDEF';
        let color = '#';
        for (let i = 0; i < 6; i++) {
            color += letters[Math.floor(Math.random() * 16)];
        }
        return color;
    }

    // 字母下落动画
    function animateLetter(letterElement) {
        let top = 0;
        const speed = Math.random() * 2 + 1; // 设置字母下落速度

        // 更新字母位置
        function update() {
            top += speed;
            letterElement.style.top = top + 'px';
            // 如果字母超出页面底部，移除字母元素并减少字母数量
            if (top > pageHeight) {
                document.body.removeChild(letterElement);
                letterCount--;
            }
        }
```

```
        // 使用 requestAnimationFrame()更新字母位置，实现平滑动画
        function step() {
            update();

            // 判断是否还存在字母，存在则继续更新位置
            if (letterCount > 0) {
                requestAnimationFrame(step);
            }
        }

        requestAnimationFrame(step);
    }

    // 监听键盘按键事件
    document.addEventListener('keydown', function (event) {
        const keyPressed = String.fromCharCode(event.keyCode);

        // 遍历页面上的字母元素，与按下的键进行比较
        const letters = document.getElementsByClassName('letter');
        for (let i = 0; i < letters.length; i++) {
            const letterElement = letters[i];
            const letter = letterElement.innerText;

            // 如果按下的键与字母相同，移除字母元素，增加得分，并更新计分系统
            if (keyPressed === letter) {
                document.body.removeChild(letterElement);
                letterCount--;
                score++;
                document.getElementById('score').innerText = '得分：' + score;
                playSound(); // 播放音效
                break;
            }
        }
    });

    // 播放音效
    function playSound() {
        // 在这里添加你自己的音效播放代码
        // 例如：使用 HTML5 <audio> 元素或 Web Audio API
    }

    // 定时生成新的字母
```

```
        setInterval(function () {
            if (letterCount < 10) {
                createLetter();
                letterCount++;
            }
        }, 1000);

        // 每隔一段时间加快字母下落速度
        setInterval(function () {
            const letters = document.getElementsByClassName('letter');
            for (let i = 0; i < letters.length; i++) {
                const letterElement = letters[i];
                const currentTop = parseInt(letterElement.style.top, 10);
                letterElement.style.top = (currentTop + 10) + 'px';
            }
        }, 2000);
    </script>
</body>
</html>
```

下面是对键盘指法练习器的实现原理的详细讲解。

- 在页面布局和样式方面，设置页面背景色为黑色，通过 CSS 样式对字母和计分系统进行样式设置。

- 在字母的生成和移动方面，使用 createLetter()函数生成随机字母的 HTML 元素，并设置其样式；使用 animateLetter()函数实现字母的下落动画效果。

- 在字母消失和得分增加方面，如果按下的键与字母相同，则移除字母元素、增加得分，并更新计分系统的显示。

- 在新字母的生成和下落速度递增方面，使用定时器定时生成新的字母，控制页面上同时存在的字母数量，通过定时器逐渐加快页面上已存在字母的下落速度。

通过以上操作，实现了键盘指法练习器，其中页面背景色为黑色，页面上有快速移动的随机字母，按对应键消除字母并增加得分，随着时间的推移字母下落速度递增。

这段代码已经可以实现键盘指法练习器的基本功能，但有如下两个效果没有实现：

- 字母消失时的音效；
- 字母消失时的特效。

现在使用 GitHub Copilot 对这段代码进行微调。

1. 字母消失时的音效

这个功能在描述中提到过，不过 ChatGPT 只给了一个 playSound()函数，并没有具体的代码，可以在该函数中输入如下注释。

```
// 使用 JavaScript 播放 MP3
```

不断按 Enter 键和 Tab 键后，GitHub Copilot 会自动生成使用 Audio 对象播放 MP3 文件的代码，我们需要将 MP3 文件改成自己机器上存在的 MP3 文件。

```
var audio = new Audio();
audio.src = "../slice_sound.mp3";
audio.play();
```

2. 字母消失时的特效

这个要求在描述文字中完全就没提，不过我们可以自己实现这个特效。当然，还使用 GitHub Copilot。我们可以做一个简单的特效，就是要消除某一个字母之前，先将字母放大，然后再让字母消失，并且配有音效。

在上面的代码中找到如下代码。

```
if (keyPressed === letter) {
    document.body.removeChild(letterElement);
    letterCount--;
    score++;
    document.getElementById('score').innerText = '得分: ' + score;
    playSound(); // 播放音效
    break;
}
```

在 if 语句下面一行中，输入如下注释。

```
// 先将字母的尺寸放大，然后再移除字母元素
```

不断按 Enter 键和 Tab 键（可能需要按多次），会生成使用 setTimeout() 函数延迟消除的代码，然后将 if 语句中的代码全部移到 setTimeout() 的回调函数中，会得到如下代码。

```
if (keyPressed === letter) {
    // 先将字母的尺寸放大，然后再移除字母元素
    letterElement.style.fontSize = '80px';
    setTimeout(function () {
        document.body.removeChild(letterElement);
        letterCount--;
        score++;
        document.getElementById('score').innerText = '得分: ' + score;
        playSound(); // 播放音效
    }, 100);
}
```

在浏览器中打开 keyboard-practice.html 文件，并且根据下落的字母按对应的键。如果按下的键与正在下落的字母相同，就先将正在下落的字母放大，100ms 后，下落的字母就会被移除，如图 5-3 所示。

图 5-3 键盘指法练习器

5.2 将桌面应用转换为 Web 应用

ChatGPT 的另一个重要的用途就是解决方案的转换，这不是简单的程序之间的转换，例如，将 Python 版的冒泡排序算法程序转换成 JavaScript 版的冒泡排序算法程序。这非常简单，GitHub Copilot 以及很多 AI 工具能做到。但如果实现解决方案的转换，可能并不是输入一个程序、输出多个程序这么简单，甚至可能输入一个程序、输出多个程序，或者是多输入、多输出。本节会将第 4 章用 Python 实现的两个桌面应用直接转换为 Web 应用，而且不需要修改任何代码。

5.2.1 Web 版滑块设置背景色

在 4.1 节中，我们基于 PyQt6 实现了一个使用滑块组件设置文本输入框背景色的应用，如果出于某种原因，可能是要给客户演示一下程序的运行效果，不方便直接用桌面应用，也可能需要实现一个同样功能的 Web 版的应用。在这种情况下，通常的做法就是让 Web 程序员根据用 PyQt6 实现的桌面应用的功能重新实现一遍。如果再加一个限制条件，要求你在 1min 内搞定这件事，你肯定在想，找外星人做吧。不过，ChatGPT 能在 1min 之内实现一个完整的 Web 应用，而且实现的功能基本上是正确的。当然，这可能需要微调，微调的任务就交给 GitHub Copilot 来做吧！

尽管 GitHub Copilot 和 GitHub Copilot Labs 也可以转换程序，但只能一对一地转换，没有办法一对多，更没有办法多对多，所以在这种情况下，只能使用 ChatGPT。

让 ChatGPT 转换程序要比直接让 ChatGPT 编写程序简单得多。只需要告诉 ChatGPT 要将当前程序转换成什么语言的程序即可，ChatGPT 会自己分析，并找到目标语言与源语言对应的

API 以及特定的解决方案。下面就是给 ChatGPT 提供的文本。

下面是基于 Python 和 PyQt6 实现的用滑块组件设置文本输入框背景色的程序，将这段程序转换为用 HTML、CSS 和 JavaScript 实现的 Web 应用。.css 文件用 color_slider.css，.js 文件用 color_slider.js。

```
import sys
from PyQt6.QtWidgets import QApplication, QWidget, QVBoxLayout, QLabel, QSlider,
QTextEdit
from PyQt6.QtCore import Qt
from PyQt6.QtGui import QColor
...
# 这里应该是完整的实现代码
```

读者在提交上述文本时，应该复制用 PyQt6 实现的应用的所有代码，本例中省略了 PyQt6 版本的大多数代码。

ChatGPT 会根据上述的文本，生成.html 文件、.css 文件和.js 文件对应的代码。

HTML 代码如下。

代码位置： src/web/color_slider.html

```html
<!DOCTYPE html>
<html lang="zh-CN">

<head>
    <meta charset="UTF-8">
    <meta http-equiv="X-UA-Compatible" content="IE=edge">
    <meta name="viewport" content="width=device-width, initial-scale=1.0">
    <title>颜色滑动选择器</title>
    <link rel="stylesheet" href="color_slider.css">
</head>

<body>
    <div class="app-container">
        <div id="color-display" class="color-display"></div> 颜色展示区域
        <!-- 如何将 color-display 变为可输入的 -->
        <!-- 颜色信息标签 -->
        <div id="color-label" class="color-label">颜色: #ffffff</div>

        <!-- 红色滑块 -->
        <label id="red-label" class="slider-label">红: 0</label>
        <input id="red-slider" type="range" min="0" max="255" value="255" class
                                                              ="slider">

        <!-- 绿色滑块 -->
        <label id="green-label" class="slider-label">绿: 0</label>
        <input id="green-slider" type="range" min="0" max="255" value
                                            ="255" class="slider">

        <!-- 蓝色滑块 -->
```

```
            <label id="blue-label" class="slider-label">蓝: 0</label>
            <input id="blue-slider" type="range" min="0" max="255" value
                                                ="255" class="slider">
    </div>
    <!-- 引入 JavaScript -->
    <script src="color_slider.js"></script>
</body>
</html>
```

CSS 代码如下。

代码位置： src/web/color_slider.css

```css
body, html {
    height: 100%;
    margin: 0;
    display: flex;
    justify-content: center;
    align-items: center;
    background-color: #f2f2f2;
}

.app-container {
    text-align: center;
}

.color-display {
    width: 150px;
    height: 150px;
    margin: 10px auto;
    background-color: #ffffff;
}

.color-label {
    margin: 10px;
    font-size: 16px;
}

.slider-label {
    display: block;
    margin: 10px;
}

.slider {
    width: 200px;
    margin: 10px auto;
}
```

JavaScript 代码如下。

代码位置： src/web/color_slider.js

```javascript
const redSlider = document.getElementById('red-slider');
const greenSlider = document.getElementById('green-slider');
const blueSlider = document.getElementById('blue-slider');

const redLabel = document.getElementById('red-label');
const greenLabel = document.getElementById('green-label');
const blueLabel = document.getElementById('blue-label');

const colorDisplay = document.getElementById('color-display');
const colorLabel = document.getElementById('color-label');

// 为滑块添加输入事件监听
redSlider.addEventListener('input', updateColor);
greenSlider.addEventListener('input', updateColor);
blueSlider.addEventListener('input', updateColor);

function updateColor() {
    // 获取滑块的值
    const red = redSlider.value;
    const green = greenSlider.value;
    const blue = blueSlider.value;

    // 更新标签文本
    redLabel.textContent = '红: ${red}';
    greenLabel.textContent = '绿: ${green}';
    blueLabel.textContent = '蓝: ${blue}';

    // 更新颜色展示区域和颜色信息标签
    const color = 'rgb(${red}, ${green}, ${blue})';
    colorDisplay.style.backgroundColor = color;
    colorLabel.textContent = '颜色: ${rgbToHex(red, green, blue)}';
}

// 将 RGB 转换为十六进制
function rgbToHex(r, g, b) {
    return "#" + ((1 << 24) + (parseInt(r) << 16) + (parseInt(g) << 8)
                        + parseInt(b)).toString(16).slice(1);
}
```

在浏览器中打开 color_slider.html 页面，会看到图 5-4 所示的效果。

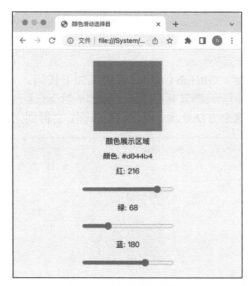

图 5-4　Web 版滑块的效果

我们可以在图 5-4 上滑动 3 个滑块组件，图 5-4 中的颜色展示区域的背景色会随着 3 个滑块组件的移动而变化。但颜色值在变化时有如下两个小瑕疵。

- 颜色展示区域使用的是<div>标签，无法编辑，但用 PyQt6 实现的应用使用了文本输入框组件，可以编辑。
- "红""绿""蓝"文字水平居中显示，而用 PyQt6 实现的应用在左侧显示。

尽管这两处瑕疵并不影响程序的核心功能，但为了追求与用 PyQt6 实现的应用的功能和样式尽可能相同，下面将使用 GitHub Copilot 对 ChatGPT 生成的代码进行微调。

1. 把颜色展示区换成文本输入框

其实把颜色展示区换成文本输入框很简单，只需要将<div>标签换成<input>标签即可。当然，使用 GitHub Copilot 自动生成也可以。首先，在 color_slider.html 文件中，找到下面的代码。

```
<div id="color-display" class="color-display"></div>
```

然后，在这行代码下面，输入如下注释。

```
<!--如何将 color-display 变为可输入的-->
```

不断按 Enter 键和 Tab 键，GitHub Copilot 会自动生成如下代码，可以自己替换 value 的值，如换成"颜色展示区"。

```
<input id="color-display" class="color-display" type="text" value="#ffffff">
```

最后，将<div>标签后面的"颜色展示区域"文字去掉。

2. 颜色值左对齐

在 color_slider.html 文件中，找到如下代码。

```
<label id="red-label" class="slider-label">红: 0</label>
```

然后，在这行代码下方，输入如下注释。

```
<!-- 让 red-label 中的文字左对齐 -->
```

不断按 Enter 键和 Tab 键，GitHub Copilot 会生成如下代码。

```
<label id="red-label" class="slider-label" style="text-align:left">红: 0</label>
```

对于绿色和蓝色，也按这个方法处理。现在刷新页面，会得到完善后的效果，如图 5-5 所示。

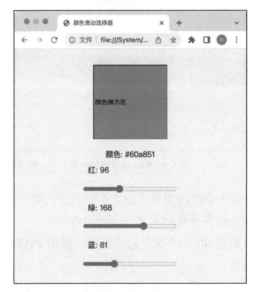

图 5-5　改善后的 Web 版滑块的效果

5.2.2　Web 版本计算器

在 4.3 节中，我们使用 Python 和 Tkinter 实现了一个计算器程序。通过 ChatGPT，我们也可以很容易将其转换为 Web 版，只需要向 ChatGPT 提供下面的文本即可。

```
下面是用 Python 和 Tkinter 做的计算器程序，将这段程序转换为用 HTML、CSS 和 JavaScript 实现的 Web 程序。.css 文件用 calc.css，.js 文件用 calc.js。
import tkinter as tk
from tkinter import Entry, Button
root = tk.Tk()
root.geometry("300x400")
...
# 这里应该是完整的计算器代码
```

读者在向 ChatGPT 提交上述文本时，应该提供完整的 Python 版本计算器代码。然后就是见证奇迹的时刻，ChatGPT 会在一瞬间为你生成 Web 版计算器的相关代码。

HTML 代码如下。

代码位置：src/web/calc.html

```html
<!DOCTYPE html>
<html>
<head>
  <title>计算器</title>
  <link rel="stylesheet" type="text/css" href="calc.css">
</head>
<body>
  <div class="calculator">
    <input id="display" type="text" readonly>
    <div class="buttons">
      <button class="number">7</button>
      <button class="number">8</button>
      <button class="number">9</button>
      <button class="operator">/</button>
      <button class="number">4</button>
      <button class="number">5</button>
      <button class="number">6</button>
      <button class="operator">*</button>
      <button class="number">1</button>
      <button class="number">2</button>
      <button class="number">3</button>
      <button class="operator">-</button>
      <button class="number">0</button>
      <button class="decimal">.</button>
      <button class="equal">=</button>
      <button class="operator">+</button>
    </div>
  </div>
  <script src="calc.js"></script>
</body>
</html>
```

CSS 代码如下。

代码位置：src/web/calc.css

```css
.calculator {
    width: 300px;
    margin: 0 auto;
    padding: 20px;
    text-align: center;
}

#display {
    width: 100%;
    margin-bottom: 10px;
    font-size: 18px;
    padding: 5px;
}
```

```css
.buttons {
  display: grid;
  grid-template-columns: repeat(4, 1fr);
  grid-gap: 5px;
}

button {
  width: 100%;
  font-size: 18px;
  padding: 10px;
}
```

JavaScript 代码如下。

代码位置：src/web/calc.js

```javascript
document.addEventListener('DOMContentLoaded', function() {
    var display = document.getElementById('display');
    var buttons = document.getElementsByClassName('number');
    var operators = document.getElementsByClassName('operator');
    var decimal = document.getElementsByClassName('decimal')[0];
    var equal = document.getElementsByClassName('equal')[0];

    for (var i = 0; i < buttons.length; i++) {
      buttons[i].addEventListener('click', function() {
        display.value += this.textContent;
      });
    }

    for (var i = 0; i < operators.length; i++) {
      operators[i].addEventListener('click', function() {
        display.value += this.textContent;
      });
    }

    decimal.addEventListener('click', function() {
      if (!display.value.includes('.')) {
        display.value += this.textContent;
      }
    });

    equal.addEventListener('click', function() {
      var expression = display.value;
      var result = eval(expression);
      display.value = result;
    });
  });
```

在浏览器中，打开 calc.html 页面，会显示计算器页面。图 5-6 展示了输入表达式的页面，图 5-7 展示了得到结果的页面。

图 5-6　输入表达式的页面

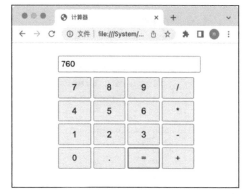

图 5-7　得到结果的页面

不过 ChatGPT 生成的代码有两个小瑕疵。

- <input>标签是只读的。calc.html 中有一个小瑕疵，就是<input>标签多了一个 readonly 属性，让<input>成为只读的标签了，将 readonly 属性去掉，就与用 Python 和 Tkinter 实现的计算器程序一样了，这样可以同时通过文本框和按键输入数字了。

- 没有生成双击清除的代码。

在 calc.js 文件最后，输入下面的注释。

```
// 为display添加鼠标左键双击事件
```

不断按 Enter 键和 Tab 键，GitHub Copilot 会自动生成如下代码，默认就将 display 中的内容清空了。

```
display.addEventListener('dblclick', function() {
    display.value = '';
});
```

5.2.3　Web 版图像搜索器

在 4.5 节中，我们使用 Tkinter 与 Flask 分别实现了图像搜索器的客户端和服务端程序。在本节中，我们使用 ChatGPT 直接将用 Tkinter 实现的客户端程序转换为 Web 版的图像搜索器客户端程序。直接发给 ChatGPT 如下文本就可以实现这个转换。

```
下面的代码是使用 Python 和 Tkinter 实现的图像搜索器客户端程序。将这段代码转换为用 HTML、CSS、
JavaScript 等 Web 技术实现的 Web 版客户端程序。.js 文件可以用单个文件存储。
# 这里要粘贴完整的 Tkinter 版客户端代码
```

ChatGPT 会回复如下两段代码。

HTML 代码如下。

代码位置： src/web/image_searcher.html

```html
<!DOCTYPE html>
<html>
<head>
    <title>图像搜索器</title>
    <style>
        .image-container {
            display: flex;
            flex-wrap: wrap;
            justify-content: center;
        }
        .image-container img {
            width: 150px;
            height: 150px;
            margin: 5px;
        }
    </style>
</head>
<body>
    <div>
        <label for="query-input">文件名</label>
        <input id="query-input" type="text" />
        <button id="search-button">搜索</button>
    </div>
    <div id="image-container" class="image-container"></div>

    <script src="image_searcher.js"></script>
</body>
</html>
```

JavaScript 代码如下。

代码位置： src/web/image_searcher.js

```javascript
document.getElementById('search-button').addEventListener('click', function() {
    const queryInput = document.getElementById('query-input');
    const imageContainer = document.getElementById('image-container');

    // 清空 image-container
    imageContainer.innerHTML = '';

    // 获取查询字符串
    const query = queryInput.value;

    // 发送 GET 请求
    fetch('http://localhost:1234/search?query=${query}')
        .then(response => {
            if (!response.ok) {
                throw new Error('Network response was not ok');
            }
```

```
            return response.text();
        })
        .then(data => {
            const relativePaths = data.split(', ');
            const base_url = 'http://localhost:1234/';
            const absolutePaths = relativePaths.map(path => base_url + path);

            // 对于每个图像 URL，创建一个新的 img 元素，并添加到 image-container 中
            absolutePaths.forEach(path => {
                const img = document.createElement('img');
                img.src = path;
                imageContainer.appendChild(img);
            });
        })
        .catch(error => {
            console.error('There has been a problem with your fetch
                        operation:', error);
        });
    });
```

由于本例直接在浏览器中发送 HTTP GET 请求，属于跨域访问，因此需要改进 server.py 的代码，加入跨域访问支持。这里需要一个 flask_cors 模块，使用下面的命令安装该模块。

```
pip install flask_cors
```

然后，在 server.py 中，添加如下代码。

```
from flask_cors import CORS
app = Flask(__name__)
CORS(app)   # 使 Flask 应用支持 CORS
```

在浏览器中，访问 image_searcher.html 页面，然后在出现的搜索框中输入 robot，单击"搜索"按钮，会显示图 5-8 所示的搜索结果。

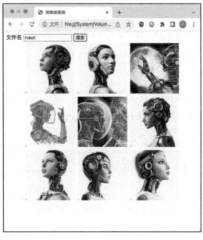

图 5-8 搜索结果

Chrome 插件

在本节中，在不写一行代码的情况下，我们会利用 ChatGPT 和 GitHub Copilot 编写各种类型的 Chrome 插件，例如，字典插件、浏览历史记录插件和计算器插件。

5.3.1　字典插件

在本节中，我们实现一个用于搜索字符串的字典插件，如果字符串是英文，就相当于英文字典。这个插件利用了 Web 版金山词霸的搜索功能，通过金山词霸网站搜索任何字符串。

要搜索的字符串可以是英文，也可以是中文或任何其他文字。这个字典插件在安装时会在 Chrome 页面的右键菜单中添加一个"翻译"选项，选择"翻译"选项，会新打开一个 Chrome 标签页，并且将 Chrome 当前浏览页面中选中的文字传给 Web 版的金山词霸。

根据对插件功能的描述，可以得出如下关键点。

- 在页面的右键菜单中添加一个"翻译"选项。
- 选择"翻译"选项，会打开一个新的标签页。
- 在新的标签页中显示金山词霸的指定页面。

根据这些关键点，可以给 ChatGPT 提供如下内容。

> 编写 Chrome 插件，在浏览器中页面的右键菜单中添加一个选项，选项名为"翻译"，选择该选项，会打开一个新的标签页。在标签页中显示金山词霸网站指定的页面。给出完整的代码和中文注释。

ChatGPT 不仅会告诉你如何编写代码，还会告诉你编写 Chrome 插件的步骤。

1. 创建一个目录

首先，要创建一个目录，作为 Chrome 插件的根目录，本例中的根目录是 dict。

2. 创建 manifest.json 文件

在 dict 目录中，创建一个 manifest.json 文件，并输入如下内容。

代码位置： src/web/extensions/dict/manifest.json

```
{
    "manifest_version": 2,
    "name": "翻译插件",
    "version": "1.0",
    "description": "在浏览器中页面的右键菜单中添加'翻译'选项",

    "permissions": [
```

```
      "contextMenus",
      "tabs"
    ],
  "background": {
    "scripts": ["background.js"],
    "persistent": false
  },
  "icons": {
    "16": "icon16.png",
    "48": "icon16.png",
    "128": "icon16.png"
  },
  "manifest_version": 2
}
```

manifest.json 是 Chrome 扩展程序的清单文件，它描述了扩展程序的属性、权限和功能等信息。当加载扩展程序时，Chrome 会读取该文件来了解如何运行和展示扩展程序。

以下是 manifest.json 文件的一些主要属性。

- manifest_version：定义所使用的 manifest 文件版本，当前使用的是 2，也可以设置为 3，这是目前最新的版本。

- name: 扩展程序的名称。

- version: 扩展程序的版本号。

- description: 扩展程序的简要描述。

- permissions: 定义扩展程序所需的权限，例如，contextMenus 权限允许扩展程序创建右键菜单。

- background: 定义扩展程序的后台页面和行为，可以指定一个或多个后台脚本文件，并指定是否保持后台页面持续运行。

- icons: 定义扩展程序的图标，包括不同尺寸的图标。

- content_security_policy: 定义内容安全策略，控制扩展程序可以加载的资源和执行的操作，以提高安全性，这个属性在后面的示例中会用到。

这只是 manifest.json 文件中的一些主要属性，其他属性可以用来配置与定义扩展程序的行为和功能。通过使用不同的属性和值，我们可以根据需要配置扩展程序的各个方面，包括界面、权限、功能和交互等。

注意，manifest_version 属性的值为 2 的情况在未来可能被禁用，所以可以要求 ChatGPT 给一个 manifest_version 为 3 的版本，代码如下所示。

```
{
  "manifest_version": 3,
  "name": "翻译插件",
```

```
    "version": "1.0",
    "description": "在浏览器中页面的右键菜单中添加'翻译'选项",
    "permissions": [
      "contextMenus",
      "tabs"
    ],
    "background": {
      "service_worker": "background.js"
    },

    "icons": {
        "16": "icon16.png",
        "48": "icon48.png",
        "128": "icon128.png"
     }
  }
```

3. 创建 background.js 文件

建立一个 background.js 文件，并输入下面的代码。

代码位置： src/web/extensions/dict/background.js

```javascript
// 当选择创建的选项时触发的函数
function translateOnClick(info, tab) {
  // 获取选中的文本
  var selectedText = info.selectionText;

  // 将选中的文本编码为 URL 参数
  var encodedText = encodeURIComponent(selectedText);

  // 构建要打开的 URL
  var url = "https://www.iciba.com/word?w=" + encodedText;

  // 在新标签页中打开 URL
  chrome.tabs.create({ url: url });

// 创建页面的右键菜单的选项
chrome.contextMenus.create({
  id: "translateMenuItem",
  title: "翻译",
  contexts: ["selection"] // 只在选中文本时显示选项

});

chrome.contextMenus.onClicked.addListener(translateOnClick);
```

background.js 文件是 Chrome 扩展程序中的后台脚本文件（可以是任何文件，需要通过

manifest.json 文件的 service_worker 属性指定），它负责处理扩展程序的后台逻辑和事件。

background.js 文件有如下几种用途。

- 监听事件：background.js 可以注册事件监听器，以便在特定事件发生时执行相应的逻辑，例如，可以监听浏览器标签页的创建、更新或关闭事件，以对其进行操作或记录相关信息。
- 处理请求：background.js 可以处理来自其他部分（如浏览器动作按钮、选项页面或内容脚本）的请求，它可以根据请求的内容执行相应的操作，并返回结果或发送消息给其他部分。
- 与外部服务交互：background.js 可以与外部服务进行通信，例如，通过 HTTP 请求与 API 进行数据交换；它可以处理与服务器的通信，获取所需的数据或执行相应的操作。
- 持久性存储数据：background.js 可以使用 Chrome 扩展程序的存储 API（如 chrome.storage）来存储和读取扩展程序的持久性数据，这样可以在不同的会话中保留数据，并在需要时进行访问和更新。
- 与其他组件协调：background.js 可以作为扩展程序中各个组件之间的中心调度器，协调它们的工作和通信；它可以接收来自其他组件的消息、指令或请求，并相应地调用适当的功能。

注意，由于引入 manifest 版本 3，因此 Chrome 扩展程序的后台逻辑发生了一些改变。在 manifest 版本 3 中，建议使用 Service Worker 来替代以前的后台页面。因此，background.js 文件可能会被转换为一个 Service Worker 脚本，以提供类似的后台功能和事件处理能力。

总之，background.js 文件在 Chrome 扩展程序中扮演着重要的角色，它处理与后台逻辑相关的任务和事件，协调各个组件的工作，并提供与外部服务的交互能力。

4. 安装和使用插件

安装字典插件的步骤如下。

（1）在 Chrome 浏览器的地址栏中输入"chrome://extensions"，并按 Enter 键，进入扩展程序页。

（2）在"扩展程序"页面的右上角，打开"开发者模式"。

（3）单击"加载已解压的扩展程序"按钮，选择包含插件文件的文件夹（本例是 dict 目录）。

（4）右击选中的文本，若在弹出的菜单中出现一个"翻译"选项，如图 5-9 所示，则说明字典插件安装成功。

到现在为止，已经完成了字典插件的安装，在扩展程序页会看到图 5-10 所示的字典插件展示页。

现在可以找一个包含文字的页面，最好选带英文的，然后在页面上选中某个单词，在页面的右键菜单中选择"翻译"选项，就会新创建一个标签页，并搜索选中的英文单词，如图 5-11 所示。

图 5-9　安装字典插件　　　　图 5-10　字典插件展示页　　　　图 5-11　通过字典插件搜索英文单词

毕竟使用新建的标签页切换起来不方便，不如新弹出一个页面，用于显示搜索结果。在 background.js 文件中，找到如下代码。

```
chrome.tabs.create({ url: url });
```

在这行代码后面，输入如下注释。

```
// 弹出一个新的窗口，显示 URL
```

不断按 Enter 键和 Tab 键，GitHub Copilot 会自动生成相关的代码，如下所示。

```
chrome.windows.create({
  type: "popup",
  width: 1200,
  height: 800,
  url: url
});
```

现在搜索页面中选中的英文单词，就会新弹出一个窗口，用于显示搜索结果，如图 5-12 所示。

5.3.2　浏览历史记录插件

在这一节中，我们会实现一个更复杂的 Chrome 插件。该插件可以记录 Chrome 浏览器的浏览历史，包括浏览网页的标题、浏览日期和 URL。单击 URL，可以在 Chrome 浏览器中显示该页面。

图 5-12　在新弹出的窗口中显示搜索结果

根据插件功能描述，可以为 ChatGPT 提供如下文本。

编写一个 Chrome 插件，在插件弹出的页面中显示曾经浏览过的网站的 title，以及访问网站的时间（精确到秒），按时间顺序从高到低显示网站的 title 和时间，并且要隐藏记录网站的 URL，单击 title 可以进入该网站。给出完整的代码和中文注释。

本节中要实现的插件比上一节中实现的字典插件多了一个窗口，也就是单击插件图标，会显示一个窗口，在窗口中会显示 Chrome 浏览器的浏览历史。所以使用上面的文字会多生成两个文件，分别是页面的.html 文件和.js 文件。

manifest.json 文件的代码如下。

代码位置： src/web/extensions/webhistory/manifest.json

```
{
    "manifest_version": 3,
    "name": "浏览历史记录",
    "version": "1.0",
    "description": "显示浏览历史记录的标题和时间",
    "permissions": [
      "history"
    ],

    "action": {
      "default_popup": "popup.html",
      "default_icon": {
        "16": "icon16.png",
        "48": "icon48.png",
        "128": "icon128.png"
      }
    },
    "icons": {
      "16": "icon16.png",
      "48": "icon48.png",
      "128": "icon128.png"
    },
    "background": {
      "service_worker": "background.js"
    }

}
```

在 manifest.json 中通过 default_popup 属性引用了一个 popup.html 文件，该文件生成的页面就是单击插件按钮后显示的页面，在该页面中会显示浏览历史。

background.js 文件的代码如下。

代码位置： src/web/extensions/webhistory/background.js

```
// 在插件安装后，清除所有历史记录
chrome.runtime.onInstalled.addListener(function() {
  chrome.history.deleteAll(function() {
    console.log('所有历史记录已清除');
  });
});
```

在这段代码中，当安装插件时，调用 chrome.history.deleteAll()方法以清除浏览器的所有历史记录。这样做的目的是保护用户隐私或重置插件功能。

清除浏览器历史记录可以防止用户在安装插件后查看插件安装前的浏览历史记录。这是为了保护用户隐私，确保插件不会访问、获取或利用用户的浏览历史信息。

此外，清除浏览器历史记录还可以为插件提供一个干净的起点。有些插件可能需要与浏览器历史记录交互，清除历史记录可以确保插件在初始状态下没有任何干扰或误操作。

popup.html 文件的代码如下。

代码位置： src/web/extensions/webhistory/popup.html

```html
<!DOCTYPE html>
<html>
<head>
  <meta charset="UTF-8">
  <title>浏览历史记录</title>
  <style>
    body {
      width: 300px;
      min-height: 200px;
      padding: 10px;
    }
    ul {
      list-style-type: none;
      padding: 0;
    }
    li {
      margin-bottom: 10px;
      cursor: pointer;
    }
  </style>
  <script src="popup.js"></script>
</head>
<body>
  <h2>浏览历史记录</h2>
  <ul id="history-list"></ul>
</body>
</html>
```

popup.js 文件的代码如下。

代码位置： src/web/extensions/webhistory/popup.js

```javascript
// 获取历史记录
chrome.history.search({text: '', maxResults: 10}, function(historyItems) {
    var historyList = document.getElementById('history-list');
    // 按时间顺序从高到低显示历史记录
    historyItems.sort(function(a, b) {
      return b.lastVisitTime - a.lastVisitTime;
    });

    // 显示历史记录的标题和访问时间
    historyItems.forEach(function(historyItem) {
      var listItem = document.createElement('li');
```

```
var title = document.createElement('span');
var time = document.createElement('span');

// 设置标题和时间
title.textContent = historyItem.title;
time.textContent = new Date(historyItem.lastVisitTime).toLocaleString();

// 单击标题,打开对应的网站
title.addEventListener('click', function() {
  chrome.tabs.create({url: historyItem.url});
});

// 添加标题和时间到列表项中
listItem.appendChild(title);
listItem.appendChild(time);

// 添加列表项到列表中
historyList.appendChild(listItem);
  });
});
```

浏览历史记录插件的安装方式与字典插件的安装方式大致相同。只是在安装完后,需要单击 Chrome 浏览器右上角扩展程序管理页面按钮(图 5-13 最右侧按钮),在显示的页面中,单击"浏览历史记录"插件右侧像钉子一样的按钮,钉子按钮变成实心后,浏览历史记录插件的图标就会显示在 Chrome 浏览器右侧的工具栏上。

现在多浏览一些网站,然后单击图 5-14 右上方的浏览历史记录插件的图标,就会显示"浏览历史记录"页面。单击某一个历史记录,会在 Chrome 中装载当前历史的 URL。

图 5-13　将浏览历史记录插件的图标显示
在 Chrome 浏览器右侧的工具栏

图 5-14　"浏览历史记录"页面

5.3.3　计算器插件

在这一节中，我们会将前面实现的 Web 版计算器移植到 Chrome 插件中，这个移植相当简单。首先，将 calc.html、calc.css 和 calc.js 文件放到插件目录下。然后，按下面的代码编写 manifest.json 文件即可。

manifest.json 文件代码如下。

代码位置：src/web/extensions/calc/manifest.json

```json
{
    "manifest_version": 2,
    "name": "Calc",
    "description": "计算器",
    "version": "1.0",
    "permissions": [
        "activeTab"
    ],
    "browser_action": {
        "default_popup": "calc.html",
        "default_icon": {
            "16": "icon16.png",
            "48": "icon48.png",
            "128": "icon128.png"
        }
    }
}
```

按上面的代码实现的计算器插件的安装和运行都没问题，但单击 "=" 按键没有任何反应，究其原因是 Chrome 插件默认禁止通过 eval() 函数动态执行代码，可以在 manifest.json 中添加如下注释。

```
// 在 Chrome 插件中支持 eval() 函数动态执行代码
```

GitHub Copilot 会生成如下配置。

```
"content_security_policy": "script-src 'self' 'unsafe-eval'; object-src 'self'",
```

注意，JSON 是不支持任何形式注释的，但可以临时使用 "//" 形式表示注释，生成代码以后，将注释删除即可。

现在按前面的方式安装计算器插件，并在 Chrome 浏览器中显示计算器插件图标，单击计算器插件图标，会显示图 5-15 所示的效果。

也可以通过按键或直接在文本框中输入表达式，如图 5-16 所示，然后单击 "=" 按钮计算表达式。

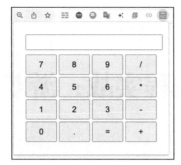

图 5-15　计算器插件的效果　　　　图 5-16　在计算器插件中输入表达式

5.4　小结

　　在本章中，我们又完成了一次自动化 Web 编程之旅。Web 是一类重要的应用，尤其是 HTML、CSS 这些内容让初学者，甚至是资深 Web 前端开发人员，都感觉比较头疼。当用它们开发非常复杂的 Web UI 时，不仅工作量很大，而且需要一遍一遍地调试程序。不过有了 ChatGPT 和 GitHub Copilot，就像有了两个可以 7×24h 陪伴的智能助手，尽管它们不能完全帮我们编写所有的代码，但至少可以助我们一臂之力。

第6章 自动化编程实战：游戏

在本章中，我们将学习如何使用 ChatGPT 和 GitHub Copilot 自动生成大量与游戏相关的代码。在本章中，我们会使用 Python 的 pygame 模块作为游戏引擎，pygame 是 Python 中非常著名的游戏库，可以输入如下命令安装 pygame。

```
pip install pygame
```

首先使用 AI 工具实现各种与游戏相关的功能，如纹理、碰撞检测、鼠标和键盘控制、粒子系统、音频播放等。这里实现了两个游戏案例——《水果忍者》和《雷电》，这两个游戏完全使用 ChatGPT 和 GitHub Copilot 自动编写与完善，开发人员没有编写一行代码。通过本章给出的案例，读者可以了解如何与 ChatGPT 和 GitHub Copilot 进行有效沟通，编写出强大而有趣的游戏。

6.1 旋转星系

在本节中，我们会使用 ChatGPT 自动编写一个旋转星系的 pygame 版的程序，并且使用 GitHub Copilot 自动添加行星的代码。为了方便起见，我们假设初始的星系只有太阳、地球和月球，地球围绕太阳旋转，月球围绕地球旋转。这个需求较简单，所以可以直接为 ChatGPT 提供如下文本。

> 用 pygame 实现一个动态旋转的星系模型，为了方便起见，此星系只包含太阳、地球和月球。太阳是黄色的，在屏幕的中心；地球是蓝色的，围绕太阳旋转；月球是红色的，围绕地球旋转。给出完整的实现代码和中文注释。

ChatGPT 会自动生成如下代码。

代码位置：src/game/solar_system.py

```
import pygame
import math

# 初始化 pygame
pygame.init()
```

```
# 设置屏幕大小
screen = pygame.display.set_mode((800, 800))

# 设置帧率
clock = pygame.time.Clock()

# 设置颜色
SUN_COLOR = (255, 255, 0)        # 太阳的颜色
EARTH_COLOR = (0, 0, 255)        # 地球的颜色
MOON_COLOR = (255, 0, 0)         # 月球的颜色

# 设置半径
SUN_RADIUS = 50                  # 太阳的半径
EARTH_RADIUS = 25                # 地球的半径
MOON_RADIUS = 10                 # 月球的半径

# 设置轨道半径
EARTH_ORBIT_RADIUS = 200         # 地球的轨道半径
MOON_ORBIT_RADIUS = 50           # 月球的轨道半径

# 设置旋转速度（度/帧）
EARTH_ORBIT_SPEED = 0.2          # 地球的旋转速度
MOON_ORBIT_SPEED = 0.5           # 月球的旋转速度


# 设置初始角度
earth_angle = 0
moon_angle = 0


# 主循环
running = True
while running:
    for event in pygame.event.get():
        if event.type == pygame.QUIT:
            running = False

    # 清屏
    screen.fill((0, 0, 0))

    # 获取太阳的位置
    sun_pos = (400, 400)

    # 计算地球的位置
    earth_x = sun_pos[0] + EARTH_ORBIT_RADIUS * math.cos(math.radians(earth_angle))
    earth_y = sun_pos[1] + EARTH_ORBIT_RADIUS * math.sin(math.radians(earth_angle))
```

```
earth_pos = (earth_x, earth_y)

# 计算月球的位置
moon_x = earth_pos[0] + MOON_ORBIT_RADIUS * math.cos(math.radians(moon_angle))
moon_y = earth_pos[1] + MOON_ORBIT_RADIUS * math.sin(math.radians(moon_angle))
moon_pos = (moon_x, moon_y)

# 绘制太阳、地球和月球
pygame.draw.circle(screen, SUN_COLOR, (int(sun_pos[0]), int(sun_pos[1])),
                                                SUN_RADIUS)
pygame.draw.circle(screen, EARTH_COLOR, (int(earth_pos[0]), int(earth_pos[1])),
                                        EARTH_RADIUS)
pygame.draw.circle(screen, MOON_COLOR, (int(moon_pos[0]), int
                                        (moon_pos[1])), MOON_RADIUS)

# 更新角度
earth_angle += EARTH_ORBIT_SPEED
moon_angle += MOON_ORBIT_SPEED

# 更新屏幕
pygame.display.flip()

# 控制帧率
clock.tick(60)

# 关闭 pygame
pygame.quit()
```

运行程序，我们将会看到包含太阳、地球和月球的旋转星系，如图 6-1 所示。地球与月球在分别绕着太阳和地球顺时针旋转。

如果要在这个旋转星系中添加一颗火星，那么可以完全使用 GitHub Copilot 来完成，我们只需要写几行注释，并且只要知道在哪里写注释即可，甚至不了解程序的原理也无关紧要。这就是生成式 AI 的强大之处：就算完全不了解编程，也能比很多人的程序写得好。

其实我们也不必了解程序的原理，因为关键的地方都有注释，从注释内容即可初步估计程序的运行方式。添加一颗行星的步骤如下。

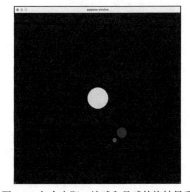

图 6-1　包含太阳、地球和月球的旋转星系

（1）初始化。

（2）计算天体的位置。

（3）绘制行星。

（4）调整行星角度。

1. 初始化

首先，在 solar_system.py 文件中找到如下代码。

```
moon_angle = 0
```

然后，在这行代码后面输入如下注释。

```
# 添加火星，火星也围绕太阳旋转
```

不断按 Enter 键和 Tab 键，GitHub Copilot 会逐行生成如下代码。

```
MARS_COLOR = (0, 255, 255)          # 火星的颜色
MARS_RADIUS = 15                    # 火星的半径
MARS_ORBIT_RADIUS = 300             # 火星的轨道半径
MARS_ORBIT_SPEED = 0.3              # 火星的旋转速度
mars_angle = 0                      # 火星的初始角度
```

在生成以上代码时应注意如下几点。

- 读者按这种方式生成的代码可能与本例生成的代码有一定差异，可能仅仅半径、颜色等值有一定的差异。如果读者对这些值不满意，也可以在后期自行修改。

- 因为 moon_angle = 0 语句后面是初始化的最后一条语句，GitHub Copilot 已经扫描了整个上下文，所以在这条语句后面通过注释生成与火星相关的初始化代码，会生成比较完整的代码。如果在靠前的位置生成代码，例如，在 MOON_ORBIT_SPEED = 0.5 后面使用注释生成代码，那么初始化火星角度的代码就不会生成，还需要在 moon_angle = 0 后面再生成一次，或者手工编写代码。所以为了方便，用于生成代码的注释一般应该放在同类别代码的最后，这样就能够一次生成所有的代码。

2. 计算天体的位置

首先，在 solar_system.py 文件中，找到如下代码。

```
moon_pos = (moon_x, moon_y)
```

然后，在这行代码下面输入如下注释。

```
# 计算火星的位置
```

不断按 Enter 键和 Tab 键，GitHub Copilot 会逐行生成如下代码。

```
mars_x = sun_pos[0] + MARS_ORBIT_RADIUS * math.cos(math.radians(mars_angle))
mars_y = sun_pos[1] + MARS_ORBIT_RADIUS * math.sin(math.radians(mars_angle))
mars_pos = (mars_x, mars_y)
```

3. 绘制行星

首先，在 solar_system.py 文件中，找到如下代码。

```
pygame.draw.circle(screen, MOON_COLOR, (int(moon_pos[0]), int(moon_pos[1])),
                                                        MOON_RADIUS)
```

然后，在这行代码下面，输入如下注释。

```
# 绘制火星
```

不断按 Enter 键和 Tab 键，GitHub Copilot 会生成如下代码。

```
pygame.draw.circle(screen, MARS_COLOR, (int(mars_pos[0]), int(mars_pos[1])),
                                                            MARS_RADIUS)
```

4. 调整行星角度

首先，在 solar_system.py 文件中，找到如下代码。

```
moon_angle += MOON_ORBIT_SPEED
```

然后，在这行代码下面，输入如下注释。

```
# 更新火星的角度
```

不断按 Enter 键和 Tab 键，GitHub Copilot 会生成如下代码。

```
mars_angle += MARS_ORBIT_SPEED
```

现在程序已经改造完成，再次运行程序，效果如图 6-2 所示。

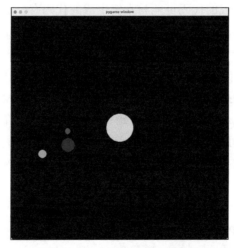

图 6-2　加入火星的旋转星系的效果

6.2　移动的纹理

ChatGPT 不仅可以用于工作，还可以用于学习。如果你正在学习 pygame 的生成纹理功能，但不知道从何入手，那么不如先用 ChatGPT 生成一个纹理演示程序，例如，一个允许通过上下左右键移动圆形纹理的程序。

在自动编写程序之前，先了解一下什么是纹理。

计算机图形学中的纹理映射是一种使图形表面呈现出复杂细节的技术，而不需要通过增加多边形数量来增加几何复杂性。纹理是一个包含颜色和模式的二维图像，它可以映射到一个三维模型的表面，使模型看起来更加真实。换句话说，纹理映射就是在一个物体的表面"贴"上一幅图片。

纹理映射在计算机图形学中有以下几方面的应用。

- 游戏开发：游戏中的每个物体都能通过使用纹理映射来增强其视觉效果。例如，一面砖墙可能只是一个简单的矩形，但是通过将砖块的纹理映射到这个矩形上，就可以使它看起来像是由许多砖块组成的。这不仅可以大大提升游戏的视觉效果，还可以降低对计算资源的需求。

- 电影和动画：许多电影和动画中的视觉效果也依赖纹理映射。通过将纹理映射到低多边形的模型上，艺术家可以快速创建出看起来非常复杂的场景。

- 虚拟和增强现实：在虚拟现实（Virtual Reality，VR）和增强现实（Augmented Reality，AR）中，纹理映射也是必不可少的。这些应用需要生成逼真的三维环境，纹理映射可以提供额外的视觉细节，使用户更加沉浸在虚拟环境中。

- 3D 建模和渲染：在三维建模和渲染中，纹理映射能够用来提供细节和真实感。例如，在建筑的三维可视化中，纹理可以帮助模拟各种材料，如石材、木材、金属等。

尽管纹理映射在提供视觉细节方面非常有用，但是它也有一些限制。例如，它不能改变模型的形状，只能改变模型表面的外观。此外，创建高质量的纹理也是一项复杂的任务，需要将艺术和技术进行结合。

现在我们将使用 ChatGPT 自动编写这个纹理演示程序，根据程序的功能，可以很容易写出如下描述。

> 用 pygame 编写程序，用来演示纹理的应用。窗口颜色为黑色，在窗口上绘制一个 300*300 的圆形，然后加载一幅纹理图像（images/texture.png），并在圆形上加载这幅纹理图像。通过键盘上的上下左右键可以上下左右移动这个圆形。给出完整的实现代码和中文注释。

将这段描述提交给 ChatGPT 后，ChatGPT 会生成如下代码。

代码位置：src/game/texture.py

```python
import pygame
import sys
from pygame.locals import *

# 初始化 pygame
pygame.init()

# 设置窗口的大小，单位是像素
windowSurface = pygame.display.set_mode((800, 600))

# 设置圆的位置
circle_pos = [400, 300]

# 加载纹理
texture = pygame.image.load('images/texture.png')

# 主程序循环
```

```
while True:
    for event in pygame.event.get():
        if event.type == QUIT:
            pygame.quit()
            sys.exit()

        # 通过检测按键情况来改变圆的位置
        keys = pygame.key.get_pressed()
        if keys[K_UP]:
            circle_pos[1] -= 5
        if keys[K_DOWN]:
            circle_pos[1] += 5
        if keys[K_LEFT]:
            circle_pos[0] -= 5
        if keys[K_RIGHT]:
            circle_pos[0] += 5

    # 填充背景色
    windowSurface.fill((0,0,0))

    # 绘制圆形并加载纹理
    for i in range(-150, 150):
        for j in range(-150, 150):
            if i*i + j*j <= 150*150:  # 确保纹理在圆内
                windowSurface.set_at((circle_pos[0]+i, circle_pos[1]+j),
                    texture.get_at((i%texture.get_width(), j%texture.get_height())))

    # 更新显示内容
    pygame.display.update()
```

在运行程序之前，要保证当前目录下的 images 子目录中有名为 texture.png 的图像。现在运行程序，可能会抛出未找到 texture.png 文件的异常，出现这个异常的原因是某些 IDE（如 Visual Studio Code）会将打开的目录作为工作目录。在这种情况下，我们需要将当前工作目录设置为 Python 文件所在的目录。

我们的目的就是尽可能少地编写代码，所以尽管这个任务比较简单，但是仍然求助于 GitHub Copilot。首先，在 texture.py 文件中，找到如下代码。

```
pygame.init()
```

在这行代码的下面，输入如下注释。

```
# 设置工作路径为当前脚本所在目录
```

然后，不断按 Enter 键和 Tab 键，GitHub Copilot 会生成如下代码。

```
import os
os.chdir(os.path.dirname(__file__))
```

现在运行程序，将会看到图 6-3 所示的效果，通过按上下左右键可以移动这个圆。

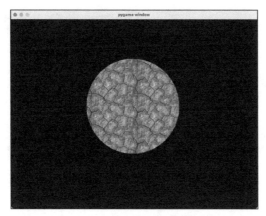

图 6-3 纹理演示的效果

6.3 随机运动的小球

在本节中，我们不仅会使用 ChatGPT 自动编写一个用于演示多个小球随机运动并碰撞弹开的程序，还会使用 GitHub Copilot 微调程序，例如，在小球移动的过程中，不断改变小球的颜色和尺寸。

向 ChatGPT 提交如下文本。

使用 pygame 编写程序，演示碰撞检测，要精确到像素。窗口背景色为黑色。在窗口上有 6 个不同的小球，它们做快速随机移动，如果小球之间发生碰撞，就会自动弹开，继续做布朗运动。给出详细的实现代码和中文注释。

ChatGPT 会生成如下代码。

代码位置： src/game/move_ball.py

```python
import pygame
import random

# 定义 Ball 类
class Ball:
    def __init__(self, x, y, radius, color, dx=2.0, dy=2.0):
        self.x = x
        self.y = y
        self.radius = radius
        self.color = color
        self.dx = dx   # x轴方向的速度
        self.dy = dy   # y轴方向的速度

    # 在窗口上绘制小球
    def draw(self, win):
        pygame.draw.circle(win, self.color, (int(self.x), int(self.y)), self.radius)
```

```python
    # 控制小球的移动
    def move(self):
        self.x += self.dx
        self.y += self.dy

    # 控制小球的碰撞
    def bounce(self, screen_width, screen_height):
        if self.x - self.radius < 0 or self.x + self.radius > screen_width:
            self.dx *= -1
        if self.y - self.radius < 0 or self.y + self.radius > screen_height:
            self.dy *= -1

# 创建窗口
screen_width, screen_height = 800, 600
win = pygame.display.set_mode((screen_width, screen_height))

# 创建 6 个小球
balls = []
for _ in range(6):
    radius = random.randint(10, 30)
    x = random.randint(radius, screen_width - radius)
    y = random.randint(radius, screen_height - radius)
    dx = random.random() * 4 - 2    # 生成速度在[-2, 2]之间的随机数
    dy = random.random() * 4 - 2
    color = (random.randint(0, 255), random.randint(0, 255), random.randint(0, 255))
    ball = Ball(x, y, radius, color, dx, dy)
    balls.append(ball)

# 主循环
run = True
while run:
    pygame.time.delay(10)
    win.fill((0, 0, 0))

    for event in pygame.event.get():
        if event.type == pygame.QUIT:
            run = False

    for ball in balls:
        ball.move()
        ball.bounce(screen_width, screen_height)
        ball.draw(win)

    # 检测碰撞
    for i in range(len(balls)):
```

```
            for j in range(i + 1, len(balls)):
                dx = balls[i].x - balls[j].x
                dy = balls[i].y - balls[j].y
                distance = (dx ** 2 + dy ** 2) ** 0.5
                if distance < balls[i].radius + balls[j].radius:
                    temp_dx = balls[i].dx
                    temp_dy = balls[i].dy
                    balls[i].dx = balls[j].dx
                    balls[i].dy = balls[j].dy
                    balls[j].dx = temp_dx
                    balls[j].dy = temp_dy

    pygame.display.update()

pygame.quit()
```

运行程序，将会看到图 6-4 所示的效果。当小球之间发生碰撞时，会立刻弹开，并改变运动方向。

下面解释一下这段代码的基本原理。这段代码的主要部分包括 Ball 类和主循环。

Ball 类定义了一个小球的基本特性和行为。特性包括它的位置（x，y）、颜色、半径和速度（dx，dy）。行为则包括绘制自己（draw ()方法）、移动自己（move()方法）和反弹（bounce()方法）。

在每一次循环中，小球将根据速度更新位置。

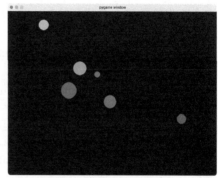

图 6-4 随机运动的小球

```
def move(self):
    self.x += self.dx
    self.y += self.dy
```

此外，如果小球碰到了屏幕的边缘，它的方向将会反转，这就是所谓的"反弹"。

```
def bounce(self, screen_width, screen_height):
    if self.x - self.radius < 0 or self.x + self.radius > screen_width:
        self.dx *= -1
    if self.y - self.radius < 0 or self.y + self.radius > screen_height:
        self.dy *= -1
```

在主循环中，首先会对每个小球执行移动和反弹的操作，然后将小球绘制到窗口上。

```
for ball in balls:
    ball.move()
    ball.bounce(screen_width, screen_height)
    ball.draw(win)
```

之后，检查所有的小球之间是否有碰撞。这是通过检查两个小球之间的距离是否小于它们的半径之和来实现的。如果发生了碰撞，那么这两个小球的速度会交换。

```
for i in range(len(balls)):
    for j in range(i + 1, len(balls)):
        dx = balls[i].x - balls[j].x
        dy = balls[i].y - balls[j].y
        distance = (dx ** 2 + dy ** 2) ** 0.5
        if distance < balls[i].radius + balls[j].radius:
            temp_dx = balls[i].dx
            temp_dy = balls[i].dy
            balls[i].dx = balls[j].dx
            balls[i].dy = balls[j].dy
            balls[j].dx = temp_dx
            balls[j].dy = temp_dy
```

这样就完成了一个完整的循环。在下一次循环中，将重新计算小球的新位置和速度，并再次检查碰撞。这个过程会一直持续下去，直到用户关闭窗口为止。

现在使用 GitHub Copilot 微调这段程序，首先让小球在移动的过程中不断改变颜色，完成这个工作的关键点是找到绘制小球的代码，在 move_ball.py 文件中，找到如下代码。

```
ball.draw(win)
```

这行代码用于绘制小球，因此在这行代码下面输入如下注释。

```
# 在 ball 移动的过程中随机变换颜色
```

不断按 Enter 键和 Tab 键，GitHub Copilot 会自动生成如下代码：

```
if random.randint(0, 100) < 2:
    ball.color = (random.randint(0, 255), random.randint(0, 255),
                    random.randint(0, 255))
```

如果读者不理解为何要加 if 语句，可以在生成的代码下面输入下面的注释，询问 GitHub Copilot。

```
# 上面的代码为什么要加 if 语句
```

不断按 Enter 键和 Tab 键，GitHub Copilot 会给出如下解释。

```
# 因为如果不加 if 语句，每次循环都会随机变换颜色，这样就看不出来颜色的变化了
```

下面继续改进程序，让小球在移动的过程中不断改变自身的尺寸，所以在前面生成的 if 语句的最后输入下面的注释。

```
# 在小球移动的过程中随机改变小球的尺寸，但是要保证小球的尺寸在[10, 50]
```

不断按 Enter 键和 Tab 键，GitHub Copilot 会自动生成如下代码。

```
ball.radius = random.randint(10, 50)
```

现在再次运行程序，会发现小球在移动的过程中，不断随机改变颜色和尺寸。

6.4　太空大战

在本节中，我们会使用 ChatGPT 自动生成飞船和飞碟互相射击的程序，并且利用 GitHub Copilot 完善这个程序。在这个案例中使用了 pygame 中的精灵（sprite）以及碰撞检测。需要

如下 4 个精灵：

- 飞船（spaceship）;
- 飞碟（UFO）;
- 飞船发射的导弹（missile）;
- 飞碟发射的导弹（missile1）。

当导弹遇到窗口边缘或者撞到飞碟时，就会消失，飞船仍然存在。根据这些描述，向 ChatGPT 提供下面的文字。

> 用 pygame 和精灵技术编写程序，分别加载一架飞船（images/spaceship.png）、一架飞碟的图像（images/ufo.png）和一枚导弹的图像（images/missile.png），飞船和飞碟随机运动，飞船不断自动射出导弹，导弹遇到屏幕边缘或碰到 UFO 就消失，然后导弹与 UFO 都消失。在初始化 pygame 后，将当前 Python 脚本的路径设置为当前工作目录。给出完整的实现代码和中文注释。

ChatGPT 会生成下面的代码。

代码位置：src/game/war.py

```python
import pygame
import random
import os
from pygame.locals import *

# 定义窗口大小和帧率
WINDOW_WIDTH = 800
WINDOW_HEIGHT = 600
FPS = 60

# 初始化 pygame 并设置当前目录
pygame.init()
os.chdir(os.path.dirname(__file__))   # 将当前 Python 脚本的路径设置为当前工作目录
screen = pygame.display.set_mode((WINDOW_WIDTH, WINDOW_HEIGHT))
clock = pygame.time.Clock()

class SpaceObject(pygame.sprite.Sprite):
    def __init__(self, image_path, speed):
        super().__init__()
        self.image = pygame.image.load(image_path).convert_alpha()
        self.rect = self.image.get_rect(center=(random.randint(0, WINDOW_WIDTH),
                                                 random.randint(0, WINDOW_HEIGHT)))
        self.speed = speed
    def update(self):
        self.rect.move_ip(self.speed)
        if self.rect.left < 0 or self.rect.right > WINDOW_WIDTH:
            self.speed[0] *= -1
        if self.rect.top < 0 or self.rect.bottom > WINDOW_HEIGHT:
            self.speed[1] *= -1
```

```python
class Missile(pygame.sprite.Sprite):
    def __init__(self, image_path, start_pos, speed):
        super().__init__()
        self.image = pygame.image.load(image_path).convert_alpha()
        self.rect = self.image.get_rect(center=start_pos)
        self.speed = speed  # use the speed parameter

    def update(self):
        self.rect.move_ip(self.speed)
        if self.rect.bottom < 0 or self.rect.top > WINDOW_HEIGHT:  # if missile
                                                    leaves the screen
            self.kill()  # remove the missile


# 创建游戏对象
spaceship = SpaceObject('images/spaceship.png', [2, 2])
ufo = SpaceObject('images/ufo.png', [3, 3])
all_sprites = pygame.sprite.Group(spaceship, ufo)
missiles = pygame.sprite.Group()

# 游戏主循环
running = True
while running:
    for event in pygame.event.get():
        if event.type == QUIT:
            running = False

    # 每隔一段时间飞船自动发射导弹
    if pygame.time.get_ticks() % 80 == 0:
        missile = Missile('images/missile.png', spaceship.rect.center,[0,-3])
        all_sprites.add(missile)
        missiles.add(missile)

    # 检查导弹是否击中了飞碟
    pygame.sprite.groupcollide(missiles, pygame.sprite.Group(ufo), True, False)

    # 更新游戏对象的位置
    all_sprites.update()
    # 渲染游戏对象
    screen.fill((0, 0, 0))
    all_sprites.draw(screen)
    pygame.display.flip()

    # 限制帧率
    clock.tick(FPS)

pygame.quit()
```

运行程序，将会展示图 6-5 所示的效果。目前只有飞船会自动发射导弹。

下面详细解释一下这段程序的实现原理。

首先，这个程序使用 pygame 库，pygame 是一个开源的 Python 库，用于开发 2D 游戏。

程序首先进行一些初始化工作，包括初始化 pygame，设置游戏窗口大小和帧率，然后加载飞船和飞碟的图像，并创建相应的精灵对象。

在 pygame 中，Sprite 是图像在游戏中的表示。我们定义了以下两个精灵类，这两个类都继承自 pygame.sprite.Sprite。

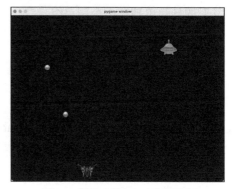

图 6-5　只有飞船会自动发射导弹

- SpaceObject 类：表示飞船和飞碟，每个 SpaceObject 对象都有一张图像和一个矩形（表示它在游戏窗口中的位置和大小）。在每个游戏帧，我们都会更新 SpaceObject 对象的位置（通过在其当前位置上加上一个速度向量）。

- Missile 类：表示导弹，每个 Missile 对象也都有一张图像和一个矩形。不过，在创建 Missile 对象时需要指定其初始位置和速度。在每个游戏帧中，我们也会更新 Missile 对象的位置。

游戏的主循环开始后，程序会持续运行，直到用户关闭窗口。在每个游戏帧中，都会执行以下操作。

（1）处理事件：处理从操作系统接收的所有事件，如关闭窗口事件。

（2）发射导弹：飞船定期发射导弹。每当 pygame 的内部时钟的计时器达到一定的值时，我们就创建一个新的 Missile 对象，并添加到 missiles 和 all_sprites 精灵组中。

（3）检测碰撞：使用 pygame 的 groupcollide() 函数来检测导弹与 UFO 之间的碰撞。如果检测到碰撞，就删除发生碰撞的导弹。

（4）更新精灵：调用每个精灵的 update() 方法来更新它们的状态（例如，改变位置或检测是否需要删除）。

（5）绘制精灵：清空屏幕，然后绘制所有精灵。

（6）刷新显示：更新整个窗口的显示。

在整个过程中，飞船会定期自动发射导弹，导弹遇到屏幕边缘或碰到 UFO 就消失。UFO 会自动避开飞船和导弹。

下面使用 GitHub Copilot 来改进这个程序。首先，让 UFO 也可以自动发射导弹，在 war.py 文件中找到如下代码。

```
missiles = pygame.sprite.Group()
```

这里先不用 GitHub Copilot，只需要复制这行代码，然后将 missiles 改成 1 即可，让 UFO

发射的导弹单独在一个精灵组。

```
missiles1 = pygame.sprite.Group()
```

接下来，找到如下代码。

```
missiles.add(missile)
```

在这行代码后面输入如下注释。

```
# 每隔一段时间 UFO 自动发射导弹，使用 images/missile1.png
```

不断按 Enter 键和 Tab 键，GitHub Copilot 会自动生成如下代码。

```
missile1 = Missile('images/missile1.png', ufo.rect.center,[0,3])
all_sprites.add(missile1)
missiles1.add(missile1)
```

接下来，找到如下代码。

```
pygame.sprite.groupcollide(missiles, pygame.sprite.Group(ufo), True, False)
```

接下来，在这行代码下面输入如下注释。

```
# 检查导弹是否击中了飞船
```

不断按 Enter 键和 Tab 键，会生成如下代码。

```
pygame.sprite.groupcollide(missiles1, pygame.sprite.Group(spaceship), True, False)
```

接下来，实现按空格键使飞船和 UFO 都发射导弹的效果。随便找一个地方，输入如下注释。

```
# 检测空格键是否按下
```

不断按 Enter 键和 Tab 键，GitHub Copilot 会生成如下代码。

```
if pygame.key.get_pressed()[K_SPACE]:
```

这行代码只是一个代码片段，将 pygame.key.get_pressed()[K_SPACE]作为 pygame.time.get_ticks() % 80 == 0 后面的一个条件，会生成如下代码。

```
if pygame.time.get_ticks() % 80 == 0 or pygame.key.get_pressed()[K_SPACE]:
```

现在运行程序，就会看到飞船和 UFO 同时发射导弹，按空格键也会使它们同时发射导弹，如图 6-6 所示。

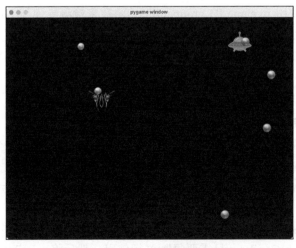

图 6-6 飞船与 UFO 同时发射导弹

在这一节中，我们会使用 PyQt6 和 pygame 实现一个音乐播放器，支持打开 mp3 文件，并且拥有播放、暂停、继续和停止功能。当然，这一切仍然是使用 ChatGPT 实现的，并且使用 GitHub Copilot 完善程序。

现在向 ChatGPT 提供如下文本。

> 使用 PyQt6 和 pygame 编写一个音乐播放器，可以选择 mp3 文件，支持停止和暂停。可以通过打开、播放、暂停和停止 4 个按钮完成相应操作，按钮水平排列。这 4 个按钮要全局可访问。给出完整的实现代码和中文注释。

ChatGPT 会生成如下代码。

代码位置： src/game/player.py

```python
import sys
from PyQt6.QtWidgets import QApplication, QWidget, QPushButton, QFileDialog,
                                                            QHBoxLayout

import pygame

class MusicPlayer(QWidget):
    def __init__(self):
        super().__init__()
        self.initUI()
        pygame.mixer.init()

    def initUI(self):
        # 创建 4 个按钮并设置布局
        self.open_button = QPushButton('打开', self)
        self.play_button = QPushButton('播放', self)
        self.pause_button = QPushButton('暂停', self)
        self.stop_button = QPushButton('停止', self)

        hbox = QHBoxLayout()
        hbox.addWidget(self.open_button)
        hbox.addWidget(self.play_button)
        hbox.addWidget(self.pause_button)
        hbox.addWidget(self.stop_button)

        self.setLayout(hbox)

        # 连接信号和槽
        self.open_button.clicked.connect(self.openMusicFile)
        self.play_button.clicked.connect(self.playMusic)
        self.pause_button.clicked.connect(self.pauseMusic)
        self.stop_button.clicked.connect(self.stopMusic)
```

```
    def openMusicFile(self):
        self.file_name, _ = QFileDialog.getOpenFileName(self, 'Open Music File', '/',
                                                        'Music Files (*.mp3)')

    def playMusic(self):
        pygame.mixer.music.load(self.file_name)
        pygame.mixer.music.play()

    def pauseMusic(self):
      pygame.mixer.music.pause()

if __name__ == '__main__':
    app = QApplication(sys.argv)

    ex = MusicPlayer()
    ex.show()

    sys.exit(app.exec())
```

运行程序，得到音乐播放器主界面，如图 6-7 所示。

这个程序实现了大部分功能，UI 也做得很完美。不过在 pauseMusic()方法中没有实现继续播放的功能，所以可以在 pauseMusic()方法的最后输入如下注释。

图 6-7 音乐播放器主界面

```
# 判断当前是否处于暂停状态（根据按钮文本判断），如果处于，则将按钮文本改为“继续”，并且继续播放；否则，
# 将按钮文本改为“暂停”，并暂停播放
```

不断按 Enter 键和 Tab 键，GitHub Copilot 会自动生成如下代码。

```
if self.pause_button.text() == '暂停':
    self.pause_button.setText('继续')
    pygame.mixer.music.pause()
else:
    self.pause_button.setText('暂停')
    pygame.mixer.music.unpause()
```

现在重新运行程序，打开一个 mp3 文件，单击"播放"按钮，然后单击"暂停"按钮，这时"暂停"按钮上的文字就会变成"继续"，再次单击"继续"按钮，音频又会继续播放。

6.6 粒子爆炸

pygame 本身没有粒子系统，但我们可以模拟一个粒子系统。在本示例中，单击的位置会呈现出爆炸的粒子效果（在单击处会出现 100 个彩色的粒子），并伴有声效。根据这个描述，向 ChatGPT 提供下面的文本。

用 pygame 实现粒子系统，在单击的位置，呈现爆炸效果，并伴有音频特效。将当前 Python 脚本的路径设置为当前工作目录。给出完整的代码和中文注释。

ChatGPT 会生成如下代码。

代码位置：src/game/particle.py

```python
import pygame
import sys
from pygame.locals import *
import random

# 初始化 pygame
pygame.init()
import os
os.chdir(os.path.dirname(__file__))
# 设定窗口大小
screen = pygame.display.set_mode((800, 600))

# 设定帧率
clock = pygame.time.Clock()

# 设定爆炸音效
explode_sound = pygame.mixer.Sound('explode.mp3')
                # 这里需要一个名为'explode.wav'的爆炸音效文件

# 创建 Particle 类
class Particle:
    def __init__(self, position, velocity, life):
        self.position = position
        self.velocity = velocity
        self.life = life

# 创建粒子列表
particles = []

# 游戏主循环
while True:
    for event in pygame.event.get():
        if event.type == QUIT:  # 捕获退出事件
            pygame.quit()
            sys.exit()
        if event.type == MOUSEBUTTONDOWN:  # 捕获单击事件
            mouse_position = pygame.mouse.get_pos()  # 获取单击鼠标的位置
            # 在单击位置创建粒子
            for _ in range(100):  # 创建 100 颗粒子
                velocity = [random.gauss(0, 1) for _ in range(2)]
                # 为每个粒子分配随机速度
                particle = Particle(list(mouse_position), velocity, 100)
                particles.append(particle)  # 添加粒子到粒子列表中
```

```
        explode_sound.play()  # 播放爆炸音效

    screen.fill((0, 0, 0))  # 填充背景颜色为黑色

    # 更新并绘制粒子
    for particle in particles[:]:
        particle.life -= 1  # 粒子生命周期缩短
        if particle.life <= 0:  # 如果粒子生命周期结束，从粒子列表中移除
            particles.remove(particle)
        else:
            particle.position[0] += particle.velocity[0]  # 更新粒子位置
            particle.position[1] += particle.velocity[1]
            # 绘制粒子，颜色为白色，半径为 2
pygame.draw.circle(screen, (255, 255, 255), particle.position, 2)


    pygame.display.flip()  # 更新整个显示屏幕
    clock.tick(60)  # 限制帧率
```

下面解释一下这个程序的原理。

这个程序是通过创建和管理一个粒子系统来实现爆炸效果的。粒子系统常用于模拟自然现象（如火焰、烟雾、雨、雪等），它包含许多小粒子，每颗粒子都有自己的属性，如位置、速度、颜色、生命周期等。通过改变这些属性，可以模拟出各种各样的粒子效果。

首先，定义一个 Particle 类，用于表示单颗粒子。这个类包含粒子的位置（position）、速度（velocity）和生命周期（life）。

```
class Particle:
    def __init__(self, position, velocity, life):
        self.position = position
        self.velocity = velocity
        self.life = life
```

在主循环中，当检测到鼠标单击事件时，程序会在单击鼠标的位置生成 100 个粒子。这些粒子的初始位置就是鼠标单击的位置，速度是从正态分布中随机选择的，生命周期设定为 100（表示每次粒子爆炸时会同时在窗口上显示 100 颗粒子）。这样做可以在单击的位置产生一个爆炸效果，粒子将以随机的方向和速度向四周散开。

```
for _ in range(100):  # 创建 100 个粒子
    velocity = [random.gauss(0, 1) for _ in range(2)]  # 为每个粒子分配随机速度
    particles.append(Particle(list(mouse_position), velocity, 100))  # 添加粒子到粒子列表
```

在每一帧中，我们都会遍历粒子列表，对每颗粒子做以下处理：首先，粒子的生命周期减 1，如果生命周期减到 0，那么就从粒子列表中移除这个粒子；否则，程序将根据粒子的速度更新粒子的位置，并在这个位置上画一个小圆以表示粒子。这样就可以模拟粒子的运动和消失的过程。

```
for particle in particles[:]:
    particle.life -= 1  # 粒子生命周期缩短
    if particle.life <= 0:  # 如果粒子生命周期结束，就从粒子列表中移除
        particles.remove(particle)
```

```
    else:
        particle.position[0] += particle.velocity[0]    # 更新粒子位置
        particle.position[1] += particle.velocity[1]
        # 绘制粒子, 颜色为白色, 半径为2
pygame.draw.circle(screen, (255, 255, 255), particle.position, 2)
```

为了增加真实感，我们将在创建粒子时播放一个爆炸音效。

```
explode_sound.play()    #播放爆炸音效
```

为了使用 GitHub Copilot 为粒子加上随机的颜色，找到下面的代码。

```
pygame.draw.circle(screen, (255, 255, 255), particle.position, 2)
```

在这行代码后面输入如下注释。

```
# 绘制随机颜色粒子
```

不断按 Enter 键和 Tab 键，GitHub Copilot 就会生成如下代码。

```
pygame.draw.circle(screen, (random.randint(0, 255), random.randint(0, 255),
                   random.randint(0, 255)), particle.position, 2)
```

然后将上一行代码注释掉即可。

现在运行程序，单击窗口中的任意一点，会有爆炸效果，并伴随着爆炸声。

6.7 《水果忍者》

在本节中，我们会使用 ChatGPT 自动生成一个基于 pygame 的切水果游戏。游戏的基本规则是有 3 种水果从窗口上方向下移动，然后当鼠标指针划过某一个水果时，水果就被切碎，果浆四溅，然后水果将会消失。每切 1 个水果，左上角积分就加 1。最后，还会使用 GitHub Copilot 添加一个新的水果。

根据游戏的功能描述，为 ChatGPT 提供如下文本。ChatGPT 会自动编写代码，实现一个初步的切水果游戏，但可能不尽如人意，还需要继续调整。

> 用 pygame 编写一个切水果的游戏，窗口背景是黑色的。有 3 种水果（apple.png、banana.png 和 pineapple.png）从屏幕上方向下加速下落。当鼠标指针划过某一个水果时，利用粒子系统呈现水果被击碎的效果（果酱四溅的效果），注意，粒子的颜色要与水果的颜色接近，如 apple.png 对应的是红色的粒子。同时被划过的水果会消失，并伴有音效（slice_sound.mp3），在窗口左上角计分，每击碎一个水果，分数加 1。给出完整的代码和中文注释。

ChatGPT 会编写如下代码。

代码位置：src/game/fruit.py

```
import pygame
import random


# 初始化 pygame
pygame.init()
import os
os.chdir(os.path.dirname(__file__))
# 屏幕宽度和高度
```

```python
screen_width = 800
screen_height = 600

# 创建屏幕对象
screen = pygame.display.set_mode((screen_width, screen_height))
pygame.display.set_caption("Fruit Ninja")

# 加载水果切割声音
slice_sound = pygame.mixer.Sound("slice_sound.mp3")

# 定义 Particle 类
class Particle:
    def __init__(self, pos, angle, color):
        self.image = pygame.Surface((10, 10))
        self.image.fill(color)
        self.rect = self.image.get_rect(center=pos)
        self.pos = pygame.math.Vector2(pos)
        self.vel = pygame.math.Vector2(10, 0).rotate(angle)   # 粒子速度和方向
        self.gravity = 0.5  # 重力加速度
        self.alpha = 255   # 粒子透明度
        self.size = random.randint(5, 15)   # 粒子大小

    def update(self):
        self.vel.y += self.gravity
        self.pos += self.vel
        self.rect.center = self.pos
        self.alpha -= 10  # 透明度递减
        if self.alpha <= 0:
            particles.remove(self)

    def draw(self):
        self.image.set_alpha(self.alpha)
        screen.blit(pygame.transform.scale(self.image, (self.size, self.size)),
                                            self.rect)

# 水果列表
fruits = []

# 定义 Fruit 类
class Fruit:
    def __init__(self, image, x, y, speed, color):
        self.original_image = image
        self.image = pygame.transform.scale(image, (64, 64))  # 等比例缩放
        self.rect = self.image.get_rect()
        self.rect.x = x
        self.rect.y = y
```

```
        self.speed = speed
        self.cut = False
        self.color = color

    def update(self):
        self.rect.y += self.speed

    def draw(self):
        screen.blit(self.image, self.rect)

    def split(self, pos):
        for _ in range(50):
            # 粒子颜色与水果颜色一致
particle = Particle(pos, random.randint(0, 360), self.color)
            particles.append(particle)

# 加载水果图像
fruit_images = {
    "apple": pygame.image.load("images/apple.png"),
    "banana": pygame.image.load("images/banana.png"),
    "pineapple": pygame.image.load("images/pineapple.png")
}

# 水果颜色映射
fruit_colors = {
    "apple": (255, 0, 0),          # 红色
    "banana": (255, 255, 0),       # 黄色
    "pineapple": (255, 165, 0)     # 橙色
}
# 游戏循环
running = True
clock = pygame.time.Clock()
score = 0

# 粒子列表
particles = []

# 设置背景颜色为黑色
background_color = (0, 0, 0)

while running:
    for event in pygame.event.get():
        if event.type == pygame.QUIT:
            running = False

    # 设置背景颜色
    screen.fill(background_color)

    # 生成随机水果
```

```python
if random.randint(0, 100) < 2:
    x = random.randint(50, screen_width - 100)
    y = -50
    speed = random.randint(2, 6)
    fruit_name = random.choice(list(fruit_images.keys()))
    fruit_image = fruit_images[fruit_name]
    fruit_color = fruit_colors[fruit_name]
    fruit = Fruit(fruit_image, x, y, speed, fruit_color)
    fruits.append(fruit)

# 更新和绘制水果
for fruit in fruits:
    fruit.update()
    fruit.draw()

    if fruit.rect.y > screen_height or (fruit.cut and fruit.rect.y < -50):
        fruits.remove(fruit)

# 更新和绘制粒子效果
for particle in particles:
    particle.update()
    particle.draw()

# 获取鼠标单击的位置
mouse_pos = pygame.mouse.get_pos()

# 判断鼠标指针是否划过水果
for fruit in fruits:
    if fruit.rect.collidepoint(mouse_pos) and not fruit.cut:
        fruit.split(mouse_pos)   # 切割水果
        fruit.cut = True
        slice_sound.play()
        score += 1
        fruit.image = pygame.Surface((1, 1))   # 隐藏被切水果

# 绘制分数
font = pygame.font.Font(None, 36)
score_text = font.render("Score: " + str(score), True, (255, 255, 255))
screen.blit(score_text, (10, 10))

# 更新屏幕
pygame.display.flip()
clock.tick(60)

# 退出游戏
pygame.quit()
```

上面给出的程序是最终调整完的程序。最开始编写的程序可能会存在各种各样的问题，如粒子太小，左上角没有 Score，水果尺寸过大等。读者也可以再次向 ChatGPT 提交类似下面的文本，要求 ChatGPT 完善游戏代码。

> 粒子太小了，要有果浆四溅的效果。另外，在左上角加一个 score 标识，并且将水果的尺寸缩放到 64*64

下面解释一下这段代码的基本原理。

（1）初始化：首先初始化 pygame 模块，设置屏幕的宽度和高度，并创建一个 pygame 显示窗口。然后，设置窗口标题为 Fruit Ninja。

（2）资源加载：加载游戏中用到的切割声音，将其保存为 slice_sound。

（3）定义 Particle 类：粒子是切割水果后产生的效果，每颗粒子都有自己的位置、速度、颜色、大小等属性。update()方法负责更新粒子的位置、速度和透明度，draw()方法负责将粒子绘制到屏幕上。

（4）定义 Fruit 类：水果有图像、位置、速度、颜色等属性。update()方法负责更新水果的位置，draw()方法负责将水果绘制到屏幕上，split()方法负责在水果被切割时创建粒子效果。

（5）加载水果图像并设置颜色：加载游戏中用到的水果图像，并为每种水果设置相应的颜色。

（6）游戏主循环：这是游戏的主体部分，它会不断地循环执行，直到游戏结束。主循环首先处理用户的输入，例如关闭窗口。然后更新并绘制屏幕上的所有水果和粒子效果。之后获取单击位置，判断鼠标指针是否划过水果，如果划过并且水果还没被切割，那么就切割水果，播放切割声音，增加分数，并将被切割的水果设置为不可见。最后，将当前得分绘制到屏幕上，更新屏幕，并限制游戏的帧率。

在这个游戏中，每个水果和每颗粒子都是一个独立的对象，它们有自己的属性和行为。游戏通过不断更新和绘制这些对象，以及处理用户的输入，完成水果的生成、切割以及计分等功能。

接下来，使用 GitHub Copilot 为《水果忍者》游戏添加一种新水果。

首先，在 fruit.py 文件中，找到如下代码。

```
fruit_colors = {
    "apple": (255, 0, 0),        # 红色
    "banana": (255, 255, 0),     # 黄色
    "pineapple": (255, 165, 0)   # 橙色
}
```

在这段代码后面，输入如下注释。

```
# 再添加一种水果
```

不断按 Enter 键和 Tab 键，GitHub Copilot 会自动生成如下代码。

```
fruit_images["orange"] = pygame.image.load("images/orange.png")
fruit_colors["orange"] = (255, 165, 0)
```

现在运行程序，会看到图 6-8 所示的效果。

图 6-9 展示了水果被切碎的效果。

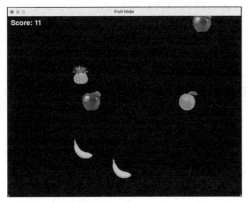

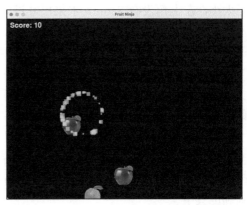

图 6-8　水果下落的效果　　　　　　　　　图 6-9　水果被切碎的效果

6.8 《雷电》

在本节中，我们会使用 ChatGPT 自动编写实现 pygame 的射击游戏。游戏的基本组成是两类飞船——spaceship 和 UFO。其中 spaceship 只有一艘，初始位于窗口底部，可以通过上下左右键控制它的位置，并且按空格键可以向上发送导弹。UFO 有无限多艘，从窗口顶部不断向下随机移动。如果 spaceship 发射的导弹与某一艘 UFO 发生碰撞，那么这艘 UFO 和导弹都会消失，而且伴有音效。同时，左上角有计分系统，每摧毁一艘 UFO，积分加 1。

本局游戏的功能描述如下，可以为 ChatGPT 提供下面的文本。

> 用 pygame 编写一个射击游戏。窗口背景色是黑色。有两类飞船（images/spaceship.png 和 images/ufo.png）。其中 spaceship 只有一艘，在窗口的底端，通过上下左右按键可以移动 spaceship，同时 spaceship 会通过按空格键向上发射导弹（images/missile.png）。UFO 有无限多艘，不断从屏幕上方随机向屏幕下方移动，当 spaceship 发射的导弹碰到 UFO 时，UFO 和导弹都会消失，同时伴有音效（explode.mp3）。窗口左上角有计分系统，每击毁一艘 UFO，积分加 1（如 Score:20），如果 spaceship 和 UFO 相撞，则游戏结束，在窗口上显示 Game Over，并且键盘无法控制 spaceship。编写完整的实现代码，并给出详细的中文注释。

ChatGPT 会自动生成如下代码。

代码位置：src/game/shooter.py

```
import pygame
import random
import sys

# 初始化 pygame
pygame.init()
import os
```

```
os.chdir(os.path.dirname(__file__))
# 设置游戏窗口的大小
SCREEN_WIDTH, SCREEN_HEIGHT = 800, 600
screen = pygame.display.set_mode((SCREEN_WIDTH, SCREEN_HEIGHT))

# 加载游戏图像
spaceship = pygame.image.load('images/spaceship.png')
ufo = pygame.image.load('images/ufo.png')
missiles = [pygame.image.load('images/missile.png') ]

# 设置游戏对象
spaceship_rect = spaceship.get_rect(midbottom = (SCREEN_WIDTH//2, SCREEN_HEIGHT))
ufo_rects = []
missile_rects = []
score = 0

font = pygame.font.Font(None, 36)  # 设置得分的字体

def create_ufo():
    '''生成一个新的 UFO'''
    new_ufo_rect = ufo.get_rect(midtop = (random.randint(0, SCREEN_WIDTH), 0))
    return new_ufo_rect
# 设置速度,用每秒下移的像素表示
UFO_SPEED_PX_PER_SECOND = SCREEN_HEIGHT / 10
# 每帧下移的像素,这里假设帧率是每秒 60 帧
ufo_speed_per_frame = UFO_SPEED_PX_PER_SECOND / 60

def move_ufos(rects):
    '''移动所有的 UFO'''
    for rect in rects:
        rect.move_ip(0, ufo_speed_per_frame)
    return rects


def remove_ufo(rects):
    '''删除出界的 UFO'''
    for rect in rects:
        if rect.bottom > SCREEN_HEIGHT:
            rects.remove(rect)
    return rects

def move_missiles(rects):
    '''移动所有的导弹'''
    for rect in rects:
        rect.move_ip(0, -5)
```

```
    return rects

def remove_missiles(rects):
    '''删除出界的导弹'''
    for rect in rects:
        if rect.top < 0:
            rects.remove(rect)
    return rects

def collision(rects1, rects2):
    '''检测碰撞'''
    for rect1 in rects1:
        if rect1.collidelist(rects2) > -1:
            rects1.remove(rect1)
            rects2.remove(rects2[rect1.collidelist(rects2)])
            return True
    return False


# 设置飞船移动速度
SPACESHIP_SPEED = 3
explode_sound = pygame.mixer.Sound('explode.mp3')
# 游戏主循环
while True:
    for event in pygame.event.get():
        # 如果退出游戏
        if event.type == pygame.QUIT:
            pygame.quit()
            sys.exit()

        # 如果按下空格键，发射导弹
        if event.type == pygame.KEYDOWN:
            if event.key == pygame.K_SPACE:
                missile_rect = missiles[0].get_rect(midtop = spaceship_rect.midtop)
                missile_rects.append(missile_rect)

    keys = pygame.key.get_pressed()
    if keys[pygame.K_UP] and spaceship_rect.top > 0: # 上键，飞船向上
        spaceship_rect.move_ip(0, -SPACESHIP_SPEED)
    if keys[pygame.K_DOWN] and spaceship_rect.bottom < SCREEN_HEIGHT: # 下键，飞船向下
        spaceship_rect.move_ip(0, SPACESHIP_SPEED)
    if keys[pygame.K_LEFT] and spaceship_rect.left > 0: # 左键，飞船向左
        spaceship_rect.move_ip(-SPACESHIP_SPEED, 0)
    if keys[pygame.K_RIGHT] and spaceship_rect.right < SCREEN_WIDTH: # 右键，飞船向右
```

```
        spaceship_rect.move_ip(SPACESHIP_SPEED, 0)

    # UFO 的生成
    if random.randint(1, 100) == 1:  # 1%的概率生成新的 UFO
        ufo_rects.append(create_ufo())

    # 移动和删除 UFO
    ufo_rects = move_ufos(ufo_rects)
    ufo_rects = remove_ufo(ufo_rects)

    # 移动和删除导弹
    missile_rects = move_missiles(missile_rects)
    missile_rects = remove_missiles(missile_rects)

    # 碰撞检测
    if collision(missile_rects, ufo_rects):  # 如果导弹击中 UFO
        score += 1  # 分数加 1
        explode_sound.play()  # 播放音效

    if spaceship_rect.collidelist(ufo_rects) > -1:  # 如果飞船与 UFO 碰撞
        break  # 游戏结束

    # 清空屏幕
    screen.fill((0, 0, 0))

    # 绘制得分
    score_text = font.render('Score: {}'.format(score), True, (255, 255, 255))
    screen.blit(score_text, (10, 10))

    # 绘制飞船
    screen.blit(spaceship, spaceship_rect)

    # 绘制 UFO
    for rect in ufo_rects:
        screen.blit(ufo, rect)

    # 绘制导弹
    for rect in missile_rects:
        screen.blit(missiles[0], rect)

    # 更新屏幕
    pygame.display.update()

# 游戏结束
over_text = font.render('Game Over', True, (255, 255, 255))
```

```
screen.blit(over_text, (SCREEN_WIDTH//2 - over_text.get_width()//2, SCREEN_HEIGHT
                                //2 - over_text.get_height()//2))
pygame.display.update()

pygame.time.wait(3000)
pygame.quit()
sys.exit()
```

运行程序，将会看到图 6-10 所示的雷电效果。按空格键，spaceship 会向上发射导弹。

这个程序比较复杂，ChatGPT 不一定能够一次编写成功，程序可能会有一些瑕疵，例如，UFO 下移的速度可能太快，或者 spaceship 移动得太慢，或者没有添加音效。可以多次与 ChatGPT 沟通，示例如下。

第一次的沟通如下。

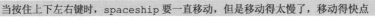

UFO 向下移动得太快了，移动慢一点，从上移动到下方至少要 10 秒

第二次的沟通如下。

当按住上下左右键时，spaceship 要一直移动，但是移动得太慢了，移动得快点

第三次的沟通如下。

当导弹与 UFO 碰撞后，播放音效，增加这部分代码，给出修改的部分

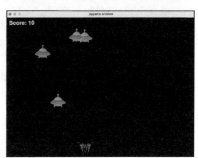

图 6-10　雷电效果

6.9　小结

在本章中，我们主要使用 ChatGPT 和 GitHub Copilot 自动编写了基于 pygame 的游戏程序，当然，这两个工具几乎可以使用任何流行的游戏引擎编写游戏，这里只使用 pygame 举例。如果游戏非常大，ChatGPT 无法一次生成所有代码，这就要求我们将大游戏分解，并设计好每一部分的接口，然后让 ChatGPT 编写游戏的每一部分，最后再将这些部分合并成一个大型游戏。总之，ChatGPT、GitHub Copilot 等工具会大大降低编写游戏的门槛，即使你完全不熟悉游戏的相关技术，也可以编写出简单的游戏。

第 7 章 自动化编程实战：办公自动化

在本章中，我们会利用 ChatGPT 与 GitHub Copilot 自动编写与办公自动化相关的代码。办公自动化涉及的面比较广，本章主要涉及与 Office 相关的办公自动化任务。Office 是目前世界上最流行的办公套件之一，由于 Office 本身支持 VBA，因此我们可以通过编程自由控制 Office。很多编程语言（如 Python、Java、JavaScript 等）也提供了大量的模块或库来读写 Office 文档（Excel 文档、Word 文档和 PowerPoint 文档）。本章将会以 VBA（Visual Basic for Applications）、Python、Java 和 JavaScript 这 4 种编程语言为基础，通过 ChatGPT 与 GitHub Copilot 自动生成相关的代码，用来读写 Office 文档并进行其他操作。即使我们对这些编程语言不熟悉，也可以轻松使用各种 AI 工具完成复杂的任务。

7.1 读写 Excel 文档

本节会展示如何利用 ChatGPT 和 GitHub Copilot 自动编写用于读写 Excel 文档的代码，这些代码属于多种编程语言，包括 VBA、Python、Java 和 JavaScript。当然，ChatGPT 和 GitHub Copilot 并不限于这几种语言，本节只使用这些编程语言举例。有了 ChatGPT 和 GitHub Copilot，即使不会某种编程语言，也可以轻松通过这些编程语言读写 Excel 文档。只要会通过键盘输入文字，就可以轻松编程。当然，如果连文字都不想录入，就用语音录入。

7.1.1 使用 VBA 创建、保存 Excel 文档和插入表格

VBA 是内嵌于 Office 软件中的一种编程语言，Office 正是有了 VBA，才在众多的办公产品中脱颖而出。VBA 的语法类似于 Visual Basic 6，是传统 Basic 语言的变种。在现今的程序员来看，尽管 VBA 简直就是石器时代的编程语言，但是 VBA 并不是通用编程语言，VBA 只是一种 DSL（Domain Specific Language，领域特定语言），只用于操作 Office 文档（Excel 文

档、Word 文档、PowerPoint 文档等）。作为一种 DSL，一般并不要求语言本身有多强大，好用即可。毕竟，使用 VBA 的大多数人不是专业的程序员。

估计很多程序员从来没有使用过 VBA，不过这不要紧，因为 ChatGPT 非常精通 VBA。在本节中，先用 VBA 实现一个小功能——创建和保存 Excel 文档。

向 ChatGPT 提供如下文本。

用 VBA 编写代码，创建和保存 Excel 文档，新的 Excel 文档名为 data.xlsx

ChatGPT 会编写如下代码。

代码位置：src/office/create_excel_document.vb

```vb
Sub CreateAndSaveWorkbook()
    Dim wb As Workbook

    ' 创建新的工作簿
    Set wb = Application.Workbooks.Add

    ' 在此处，你可以对新的工作簿进行操作，例如添加数据，创建表格等

    ' 保存工作簿，替换文件名和路径为你需要的
    wb.SaveAs "C:\path\to\your\directory\data.xlsx"

    ' 关闭新创建的工作簿
    wb.Close
End Sub
```

这就是一段标准的 VBA 代码，而且只能在 Excel 中运行。其中 wb.SaveAs()方法的参数是 data.xlsx 文件的绝对路径，读者应将这个路径修改成自己机器上的路径。

现在的问题并不是理解这段代码，而是如何在 Excel 中运行这段代码。目前 Office 套件可以在 Windows 系统和 macOS 上运行，VBA 同时可以在 Windows 系统和 macOS 上运行，VBA 中用于操作 Office 本身的功能基本上是跨平台的。

现在启动 Excel，选择"开发工具"菜单，切换到"开发工具"界面，单击 Visual Basic 按钮就会进入 VBA 工作区。如果没有"开发工具"菜单，选择"文件"→"选项"，在弹出的界面中，选择左侧的"自定义功能区"，打开"功能区和工具栏"对话框，在右侧勾选"开发工具"复选框，如图 7-1 所示，这样"开发工具"菜单就显示了。

然后，右击默认工程，从上下文菜单中选择"插入"→"模块"选项，如图 7-2 所示，插入一个新的模块。

最后，将前面生成的 VBA 代码复制到模块中，并把光标放到 CreateAndSaveWorkbook() 函数的任何位置，然后单击左上角的蓝色箭头按钮，就可以运行 VBA 代码，如图 7-3 所示。

执行 VBA 代码后，就会看到在指定路径中多了一个 data.xlsx 文件，这就是刚才用 VBA 创建的空 Excel 文档。

图 7-1 显示"开发工具"菜单

图 7-2 插入新模块

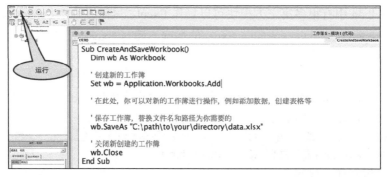

图 7-3 运行 VBA 代码

尽管 GitHub Copilot 不支持直接在 Office 的 VBA 编辑器里使用,但是可以将 VBA 代码保存在扩展名是.vb 的文件中,然后在 Visual Studio Code 中使用 GitHub Copilot 来补全 VBA 代码。GitHub Copilot 会非常智能地识别代码是 VBA 代码,而不是普通的 Visual Basic 代码。

下面使用 GitHub Copilot 自动生成在 Excel 文档中创建表格的代码。

首先,在 create_excel_document.vb 文件中找到如下代码。

```
Set wb = Application.Workbooks.Add
```

在这行代码的下面,输入如下注释。

```
' 在当前工作簿中创建一个表格,数据随机生成
```

不断按 Enter 键和 Tab 键,GitHub Copilot 会自动生成如下代码。

```
wb.Sheets(1).Range("A1").Resize(10, 10).Value = _
        Application.WorksheetFunction.RandArray(10, 10, 0, 100)
```

现在将代码复制到 Excel VBA 的编辑器中,再次运行程序,就会在 Excel 当前工作簿中插入图 7-4 所示的表格。

	A	B	C	D	E	F	G	H	I	J
1	88.0304973	95.1185221	66.247552	93.3694641	57.3300294	89.4706048	29.8254263	47.2640179	96.0570599	66.9096863
2	29.4309879	77.0574556	45.0235361	15.1279094	52.5204293	71.579672	53.6945058	40.9002387	93.3242945	13.085564
3	86.4189436	17.4417621	28.6598418	72.8845433	80.4718653	93.8234789	38.636664	7.23991059	69.5295441	19.9067778
4	66.4478625	95.6192393	2.179792	38.2084688	69.4497826	39.9636333	27.2240672	24.1279204	13.6223584	24.4749604
5	46.8258546	50.3359948	24.669256	26.0021174	12.3774956	91.5983947	58.7226427	33.422334	58.7320365	80.4570779
6	68.9385963	18.3382584	73.5597671	50.2668027	73.8006033	26.0660397	51.9294533	93.7927902	6.1993342	33.9721566
7	61.4574804	91.9620967	11.9536202	65.4269241	92.4817166	51.286782	18.5826159	49.5919127	86.8709186	19.7744466
8	58.4455924	13.5633458	28.3610848	57.8897817	59.3434867	33.1423094	18.1167631	71.2693352	53.7262327	56.0232802
9	17.457153	72.1272223	63.2971612	44.8096601	76.4997488	44.4934932	97.4538405	81.5038397	76.3849061	86.2945235
10	84.3429589	60.7843113	74.8014722	8.51829013	14.477761	57.5754983	80.8133945	4.45677247	65.6492571	87.9428007

图 7-4　使用 VBA 插入表格

7.1.2　使用 Python 添加和删除工作表

在上一节中，使用 VBA 操作 Excel 文档。虽然 VBA 是强大的 DSL，但是毕竟语言本身的功能有限。为了获得更强大的功能，使用其他高级语言来操作 Excel 文档，其中 Python 就是其中之一。Python 中有很多第三方模块可以操作 Excel 文档，例如，openpyxl 就是其中很强大的一个模块。openpyxl 可以在未安装 Excel 的情况下读写 Excel 文档。读者可以使用如下命令安装 openpyxl。

```
pip3 install openpyxl
```

在本节中，使用 ChatGPT 编写 Python 程序，这个程序可以在已经存在的 Excel 文档上添加和删除工作表，所以需要向 ChatGPT 提供下面的文本。

使用 Python 和 openpyxl 编写程序，打开 data.xlsx 文档，然后创建 3 个工作表，名称分别为地球、月球、火星，最后删除 data.xlsx 中默认的工作表。给出完整的代码和中文注释

ChatGPT 会编写如下代码。

代码位置： src/office/create_remove_sheet.py

```python
# 导入 openpyxl 模块
import openpyxl

# 打开 Excel 文件
wb = openpyxl.load_workbook('data.xlsx')

# 创建新的工作表，名称为'地球'
earth_sheet = wb.create_sheet('地球')

# 创建新的工作表，名称为'月球'
moon_sheet = wb.create_sheet('月球')

# 创建新的工作表，名称为'火星'
mars_sheet = wb.create_sheet('火星')

# 获取默认工作表的名称
default_sheet = wb.sheetnames[0]
```

```
# 删除默认的工作表
#del wb[default_sheet]

# 保存更改后的 Excel 文件
wb.save('data.xlsx')
```

在执行代码前，要确保 data.xlsx 文件的路径是正确的，或者修改 data.xlsx 文件的路径为自己机器上的路径。执行代码，会发现 data.xlsx 文件对应的工作表变成图 7-5 所示的样式。

图 7-5　工作表的样式

如果想改进程序或者增加功能，可以找 GitHub Copilot 帮忙，例如，要切换到"月球"工作表，然后在 C3 处插入数据，可以找到如下代码。

```
default_sheet = wb.sheetnames[0]
```

在这行代码后面，输入如下注释。

```
# 切换到'月球'工作表，然后在 C3 单元格中插入数据
```

不断按 Enter 键和 Tab 键，GitHub Copilot 会生成如下代码。

```
wb.active = 1
moon_sheet['C3'] = '月球'
```

如果想一开始就清空所有的工作表，可以找到如下代码。

```
wb = openpyxl.load_workbook('data.xlsx')
```

在这行代码后面，输入如下注释，

```
# 先清除所有的工作表，用循环清除
```

不断按 Enter 键和 Tab 键，GitHub Copilot 会生成如下代码。

```
for sheet in wb.sheetnames:
    del wb[sheet]
```

不要忘了将后面删除默认工作表的代码删除，因为这时已经没有默认工作表了。

7.1.3　使用 JavaScript 设置单元格的值

在本节中，使用 JavaScript 生成 Excel 文件，并在工作表中创建一个表格。这里使用的 JavaScript 并非在 Web 浏览器中运行的 JavaScript，而是在 Node.js 中运行的 JavaScript，功能非常强大。要运行本节的示例，首先要下载最新的 Node.js 官方版，然后按提示安装 Node.js 即可。

我们会使用 JavaScript 中的 ExcelJS 模块操作 Excel 文件。

使用两种方式安装 ExcelJS 模块。

全局安装方式如下。

```
npm install exceljs -g
```

本地安装方式如下。

```
npm install exceljs --save
```

在安装过程中，可能由于依赖等出现错误。如果出现这类错误，可以加--legacy-peer-deps 命令行参数，用于在安装依赖项时启用旧版本的依赖项解析算法。如果仍然失败，请检查相关的依赖项。

```
npm install exceljs --legacy-peer-deps
```

ExcelJS 模块的主要特性如下

- 创建和修改 Excel 文件：ExcelJS 允许你创建新的 Excel 文件，并提供了丰富的 API 来添加工作表、行、单元格和样式。你可以设置单元格的值、公式、格式、字体、边框等。

- 读取和解析 Excel 文件：ExcelJS 能够读取和解析现有的 Excel 文件。通过 ExcelJS，你可以轻松地遍历工作表、行和单元格，并获取它们的值和属性。

- 支持大型数据集：ExcelJS 在处理大型数据集时表现出色。它支持流式写入和读取，即使处理大型 Excel 文件，也能保持低内存占用量。

- 导出为其他格式：ExcelJS 不仅可以生成 Excel 文件，还可以将工作表导出为其他格式，如 CSV 和 JSON。

- 支持图表和图像：ExcelJS 允许你添加图表和图像到工作表中，使你可以在 Excel 文件中创建交互式报表和图形。

如果你不了解 ExcelJS 模块如何使用也没关系，只要知道你要做什么即可。下面就是给 ChatGPT 的需求描述。

用 JavaScript 和 ExcelJS 创建一个 Excel 文档，文件名是 table.xlsx。然后新建一个工作表，名称是"表格"，在这个工作表中添加一个 10 行 4 列的表格，字段是 id、name、sex、salary。数据随机填充。给出详细的实现代码和中文注释。

需求清晰明了，因此 ChatGPT 会很快编写出代码。

代码位置：src/office/create_excel_table.js

```javascript
// 导入ExcelJS库
const ExcelJS = require('exceljs');

// 创建一个新的工作表
let workbook = new ExcelJS.Workbook();

// 在工作表中添加一个新的工作表，命名为"表格"
let worksheet = workbook.addWorksheet('表格');

// 添加表头
worksheet.columns = [
    { header: 'id', key: 'id' },
    { header: 'name', key: 'name' },
    { header: 'sex', key: 'sex' },
    { header: 'salary', key: 'salary' }
];
```

```
// 生成随机数据并添加到表格中
for(let i = 1; i <= 10; i++) {
    let sex = Math.random() > 0.5 ? 'male' : 'female';
    let salary = Math.floor(Math.random() * 10000) + 1000;
    worksheet.addRow({id: i, name: 'Name'+i, sex: sex, salary: salary});
}
// 将工作表保存为名为 table.xlsx 的文件
workbook.xlsx.writeFile('table.xlsx')
    .then(function() {
        console.log('Excel 文件创建成功！');
    })
    .catch(function(error) {
        console.error(error);
    });
```

执行代码，会在当前目录下生成 table.xlsx 文件，如图 7-6 所示。

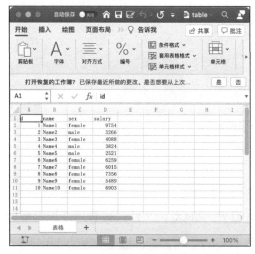

图 7-6　生成的 table.xlsx 文件

不过这个表格没有表格线，现在使用 GitHub Copilot 为表格添加表格线。

首先，找到下面的 for 循环语句。

```
for(let i = 1; i <= 10; i++) {
    let sex = Math.random() > 0.5 ? 'male' : 'female';
    let salary = Math.floor(Math.random() * 10000) + 1000;
    worksheet.addRow({id: i, name: 'Name'+i, sex: sex, salary: salary});
}
```

在 for 循环语句后面输入如下注释。

```
// 为表格添加表格线
```

然后，不断按 Enter 键和 Tab 键，GitHub Copilot 会自动生成如下代码。

```
worksheet.eachRow({ includeEmpty: false }, function(row, rowNumber) {
    worksheet.getCell('A'+rowNumber).border = {
        top: {style:'thin'},
        left: {style:'thin'},
        bottom: {style:'thin'},
        right: {style:'thin'}
    };
    worksheet.getCell('B'+rowNumber).border = {
        top: {style:'thin'},
        left: {style:'thin'},
        bottom: {style:'thin'},
        right: {style:'thin'}
    };
    worksheet.getCell('C'+rowNumber).border = {
        top: {style:'thin'},
        left: {style:'thin'},
        bottom: {style:'thin'},

        right: {style:'thin'}
    };
    worksheet.getCell('D'+rowNumber).border = {
        top: {style:'thin'},
        left: {style:'thin'},
        bottom: {style:'thin'},
        right: {style:'thin'}
    };
});
```

现在重新运行程序，并打开 table.xlsx 文件，会看到添加表格线的表格，如图 7-7 所示。

图 7-7　添加表格线的表格

7.1.4 使用 Java 将 Excel 表转换为 SQLite 表

在本节中，我们会使用 Java 将 Excel 表格转换为 SQLite 表，其中要使用 Apache POI 库读写 Excel 文档。

Apache POI 是一个用于处理 Office 格式文件的开源库，提供了一种在 Java 程序中读写 Excel、Word、PowerPoint 等文件的简单方法。它主要用于创建、修改和显示 Office 以及 OLE 2 Compound Document 格式的文件。

以下是 Apache POI 主要的组件。

- HSSF 和 XSSF：这两个组件用于读写.xls 文件和.xlsx 文件。HSSF 提供读写 Microsoft Excel（.xls）格式文档的功能，XSSF 提供读写 Microsoft Excel OOXML（.xlsx）格式文档的功能。

- HWPF 和 XWPF：这两个组件用于读写.doc 文件和.docx 文件。HWPF 提供读写 Microsoft Word 97（.doc）格式文档的功能，XWPF 提供读写 Microsoft Word 2007（.docx）格式文档的功能。

- HSLF 和 XSLF：这两个组件用于读写.ppt 文件和.pptx 文件。HSLF 提供读写 Microsoft PowerPoint（.ppt）格式文档的功能，XSLF 提供读写 Microsoft PowerPoint 2007（.pptx）格式文档的功能。

- HDGF 和 XDGF：这两个组件用于读写 Microsoft Visio 二进制（.vsd）和 Microsoft Vision OOXML（.vsdx）文件。

- HPBF：该组件用于处理 Microsoft Publisher 文件。

- HPSF：该组件用于处理 OLE 2 Property Sets，例如 Word 和 Excel 文件中的文档摘要信息。

Apache POI 提供了一组用于处理这些文件格式的 API，开发者可以通过这些 API 读取文件内容、创建新的文件、更新文件内容等。通过 Apache POI，你可以在没有安装 Microsoft Office 的情况下处理 Office 文件，这在服务器端处理 Office 文件时非常有用。

为了使用 Apache POI，需要下载相关的库，读者可以从 Apache 网站下载 Apache POI 最新的.jar 文件。

除与 Apache POI 相关的.jar 文件之外，还需要 Apache Commons IO 和 Apache Log4j 2 库，读者可以从 Apache 网站下载这两个库的.jar 文件。

如果要读写 SQLite 数据库，还需要 JDBC SQLite 驱动，读者可以从 GitHub 网站下载 JDBC SQLite 驱动，这个驱动是一个.jar 文件。

在编写 Java 代码时，建议使用 IntelliJ IDEA，这是目前最好的 Java IDE 之一，而且在其中引用多个.jar 文件非常方便。首先启动 IntelliJ IDEA，然后选择 File → Project Structure 选项，显示 Project Structure 界面（见图 7-8）。在该界面左侧，选择 Modules，在右侧显示的界面中，选择

Dependencies，会切换到 Dependencies 界面。单击该界面中的"＋"按钮，会弹出一个列表，如图 7-9 所示。

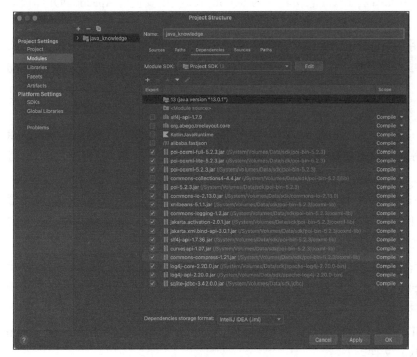

图 7-8 Project Structure 界面

图 7-9 弹出的列表

选择 JARs or Directories 选项，会弹出一个用于打开文件的对话框。在该对话框中，选择要引用的.jar 文件，如果不知道引用哪一个.jar 文件，就全部引用即可。添加后，在 Project Structure 界面中，勾选.jar 文件前面的复选框。最后，单击 OK 按钮，关闭 Project Structure 界面。

现在向 ChatGPT 提供如下文本。

使用 Java 和 Apache POI 编写代码，打开 table.xlsx，读取"表格"工作表中的数据。表格从 A1 开始，有 10 行 4 列，字段名分别为 id、name、sex 和 salary，将这个工作表保存为 SQLite 数据库中的 mytable 表，数据库名是 mytable.db。编写完整的代码和中文注释。

ChatGPT 会编写如下代码。

代码位置：src/office/Excel2SQLite.java

```
import org.apache.poi.ss.usermodel.*;
import org.apache.poi.xssf.usermodel.XSSFWorkbook;

import java.io.File;
import java.io.FileInputStream;
import java.sql.Connection;
import java.sql.DriverManager;
```

```java
import java.sql.PreparedStatement;
import java.sql.ResultSet;

public class Excel2SQLite {
    public static void main(String[] args) {
        try {
            // 加载驱动
            Class.forName("org.sqlite.JDBC");
            // 创建 SQLite 数据库连接
            Connection connection = DriverManager.getConnection("jdbc:sqlite:
                                                        mytable.db");
            // 创建表
            connection.createStatement().execute("CREATE TABLE IF NOT EXISTS mytable
             (id INTEGER, name TEXT, sex TEXT, salary REAL)");
            // 准备插入语句
            PreparedStatement preparedStatement = connection.prepareStatement
            ("INSERT INTO mytable VALUES (?, ?, ?, ?)");

            // 打开Excel 文件
            FileInputStream fis = new FileInputStream(new File("table.xlsx"));
            // 创建工作簿对象
            Workbook workbook = new XSSFWorkbook(fis);
            // 获取名为"表格"的工作表
            Sheet sheet = workbook.getSheet("表格");

            // 循环读取每一行数据（跳过第一行标题）
            for (int i = 1; i < 11; i++) {
                Row row = sheet.getRow(i);
                // 读取每一列数据
                for (int j = 0; j < 4; j++) {
                    Cell cell = row.getCell(j);
                    // 设置参数值
                    switch (cell.getCellType()) {
                        case STRING:
                            preparedStatement.setString(j + 1,
                            cell.getStringCellValue());
                            break;
                        case NUMERIC:
                            if (j == 0) {  // ID列
                                preparedStatement.setInt(j + 1, (int)
                                cell.getNumericCellValue());
                            } else {  // salary列
                                preparedStatement.setDouble(j + 1,
                                cell.getNumericCellValue());
                            }
                            break;
```

```
                default:
                    throw new IllegalStateException("Unexpected cell
                    type: " + cell.getCellType());
                }
            }
            // 执行插入语句
            preparedStatement.executeUpdate();
        }

        // 关闭资源
        preparedStatement.close();
        connection.close();
        workbook.close();
        fis.close();

        System.out.println("Data successfully imported into SQLite database.");
    } catch (Exception e) {
        e.printStackTrace();
    }
}
```

　　在运行程序之前，要确保当前目录中有一个 table.xlsx 文件，并且有一个"表格"工作表，这个工作表中有一个表格。现在运行程序，会在当前目录中生成一个 mytable.db 文件，打开该文件，找到 mytable 表，然后显示该表单的内容，如图 7-10 所示。

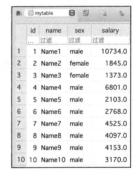

　　现在使用 GitHub Copilot 改进这段程序。

1. 删除数据库

　　在每次运行程序时，先删除旧的 mytable.db 文件，这样可避免重复插入数据。

图 7-10　mytable 表的内容

　　在 try 语句的开头，输入下面的注释，

```
// 如果 mytable.db 存在，先删除该文件
```

不断按 Enter 键和 Tab 键，GitHub Copilot 会生成如下代码。

```
File file = new File("/Volumes/data2/mytable.db");
if (file.exists()) {
    file.delete();
}
```

2. 添加一条新记录

　　添加一条用于统计所有人工资总和的记录。

　　首先，找到下面的 for 循环语句。

```
for (int i = 1; i < 11; i++) {
    ... ...
}
```

在 for 语句后面，输入如下注释。

```
// 统计所有人工资之和
```

不断按 Enter 键和 Tab 键，会生成如下代码。

```
ResultSet resultSet = connection.createStatement().executeQuery("SELECT SUM(salary)
                                                FROM mytable");
double sum = resultSet.getDouble(1);
```

现在所有人的工资总和已经统计出来了，用 sum 表示，然后插入一条新记录，sum 就是 salary 字段的值。在刚才生成的代码后面，再输入如下注释。

```
// 向 mytable 表中插入一条记录，id 为 0，name 为总数，sex 为空，salary 为所有人工资之和
```

不断按 Enter 键和 Tab 键，会生成如下代码，

```
preparedStatement.setInt(1, 0);
preparedStatement.setString(2, "总数");
preparedStatement.setString(3, "");
preparedStatement.setDouble(4, sum);
preparedStatement.executeUpdate();
```

再次运行程序，并查看 mytable 表的内容，如图 7-11 所示。最后一条记录已经成功插入。

	id	name	sex	salary
	...	过滤	过滤	过滤
1	1	Name1	male	10734.0
2	2	Name2	female	1845.0
3	3	Name3	female	1373.0
4	4	Name4	male	6801.0
5	5	Name5	male	2103.0
6	6	Name6	male	2768.0
7	7	Name7	male	4525.0
8	8	Name8	male	4097.0
9	9	Name9	male	4153.0
10	10	Name10	male	3170.0
11	0	总数		41569.0

图 7-11 插入一条记录的 mytable 表

7.2 读写 Word 文档

本节主要介绍如何使用 ChatGPT 和 GitHub Copilot 生成读写 Word 文档的代码，涉及的编程语言有 Python、JavaScript、VBA 和 Java。

7.2.1　使用 Python 向 Word 文档中插入文本和图片

在本节中，使用 Python 和 python-docx 向 Word 文档中插入文本与图片。python-docx 可以用于读写 Word 文档。读者可以使用下面的命令安装 python-docx。

```
pip3 install python-docx
```

向 ChatGPT 提供如下文本，就可以自动编写向 Word 文档中插入文本和图片的代码。

使用 Python 和 python-docx 编写程序，将当前目录设置为工作目录，并创建一个 Word 文档，然后插入若干文字，插入一张图片，最后将 Word 文档保存为 data.docx。给出详细的代码和中文注释。

ChatGPT 会自动生成如下代码。

代码位置： src/office/insert_text_image.py

```python
import os
from docx import Document
from docx.shared import Inches

# 设置工作路径为当前脚本所在目录
import os
os.chdir(os.path.dirname(__file__))

# 如果 data.docx 文件存在，删除
if os.path.exists('data.docx'):
    os.remove('data.docx')

# 创建一个 Document 对象，这将创建一个新的空白 Word 文档
doc = Document()

# 添加一个段落并插入一些文本
p = doc.add_paragraph()
p.add_run('这是一些插入的文字。')

# 插入一张图片，你需要提供图片的路径
# 注意，Inches(1.25) 定义了图片的宽度，你可以更改这个值以适应你的需求
doc.add_picture('images/robot1.jpg', width=Inches(1.25))

# 将文档保存为 data.docx
doc.save('data.docx')
```

执行代码，会在当前目录中生成一个 data.docx 文件，打开该文件，会看到图 7-12 所示的效果。

图 7-12　在 Word 文档中插入文字和图片的效果

现在使用 GitHub Copilot 来改进程序，继续往 data.docx 中插入一个表格。

首先，找到如下代码。

```
doc.add_picture('images/robot1.jpg', width=Inches(1.25))
```

然后，在这行代码下面，输入如下注释。

```
# 插入一个 3*3 的表格，用循环随机添加数据
```

不断按 Enter 键和 Tab 键，GitHub Copilot 会生成如下代码。

```
table = doc.add_table(rows=3, cols=3)
for i in range(3):
    for j in range(3):
        table.cell(i, j).text = str(i*j)
```

不过现在的表格是没有表格线的，所以还需要再输入下面的注释。

```
# 为 table 添加表格线
```

不断按 Enter 键和 Tab 键，会生成如下代码。

```
table.style = 'TableGrid'
```

不过 TableGrid 已经被标注为 deprecated，因此运行程序，会显示如下警告信息。

```
UserWarning: style lookup by style_id is deprecated. Use style name as key instead.
  return self._get_style_id_from_style(self[style_name], style_type)
```

直接将警告信息中的 Use style name as key instead 放入注释中。

```
# 为 table 添加表格线，Use style name as key instead
```

删除刚才生成的代码，然后重新按 Enter 键和 Tab 键，会生成如下代码。

```
table.style = 'Table Grid'
```

再次运行程序，并打开 data.docx 文档，会看到图 7-13 所示的效果。

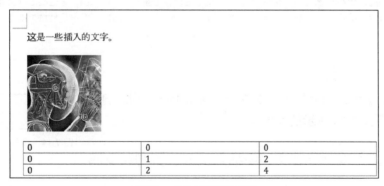

图 7-13　插入表格后的效果

7.2.2　使用 JavaScript 设置 Word 文档样式

在本节中，使用 JavaScript 和 officegen 模块设置 Word 文档中文字的样式。读者可以使用下面的命令安装 officegen 模块。

```
npm install officegen --save
```

现在为 ChatGPT 提供如下文本。

用 JavaScript 和 officegen 编写代码，将工作目录设置为 JavaScript 脚本所在的目录。创建 Word 文档，然后在 Word 文档中添加文本"地到无边天作界 山登绝顶我为峰"，然后将"天作界"的字号设置为一号，并将文字颜色设置为红色，将"我为峰"的背景色设置为蓝色，文字颜色设置为黄色，并加下画线。给出完整的实现代码和中文注释。

ChatGPT 会编写下面的代码。

代码位置：src/office/word_text_style.js

```javascript
var officegen = require('officegen')
var fs = require('fs')
var path = require('path')

// 获取当前脚本的路径，并将工作目录设置为当前脚本所在的目录
var script_dir = __dirname
process.chdir(script_dir)

// 创建一个新的 Word 文档
var docx = officegen('docx')

// 将文档写入文件
var stream = fs.createWriteStream('data.docx')

// 添加一些文本
var pObj = docx.createP()
pObj.addText('地到无边', { font_face: 'Arial', font_size: 14, color: '000000' })
pObj.addText('天作界', { font_face: 'Arial', font_size: 26, color: 'FF0000' })
                        // 一号字大约对应 26 磅字
pObj.addText('山登绝顶', { font_face: 'Arial', font_size: 14, color: '000000' })
pObj.addText('我为峰', { font_face: 'Arial', font_size: 14, color: 'FFFF00',
                        back: '0000FF', underline: true })

// 生成文档
docx.generate(stream)
```

运行程序，会看到当前目录中生成一个 data.docx 文件。打开该文件，会看到图 7-14 所示的效果。

图 7-14　设置文字样式以后的效果

7.2.3　使用 VBA 向 Word 文档中插入页眉、页脚和页码

在本节中，使用 VBA 向 Word 文档插入页眉、页脚和页码。为 ChatGPT 提供下面的文字可以编写实现该功能的代码。

使用 VBA 在 Word 文档中插入页眉、页脚和页码，给出完整的实现代码和中文注释

ChatGPT 会编写如下代码。

代码位置：src/office/InsertHeaderFooterAndPageNumber.vb

```vb
Sub InsertHeaderFooterAndPageNumber()
    Dim objHeader As HeaderFooter '定义页眉对象
    Dim objFooter As HeaderFooter '定义页脚对象
```

```
        Dim rngHeaderRange As Range '定义页眉范围对象
        Dim rngFooterRange As Range '定义页脚范围对象


    '对每个章节进行操作
    For Each objSection In ActiveDocument.Sections
        '设置页眉
        Set objHeader = objSection.Headers(wdHeaderFooterPrimary) '获取主页眉
        Set rngHeaderRange = objHeader.Range '获取页眉范围
        rngHeaderRange.Text = "这是页眉" '在页眉中插入文字

        '设置页脚
        Set objFooter = objSection.Footers(wdHeaderFooterPrimary) '获取主页脚
        Set rngFooterRange = objFooter.Range '获取页脚范围
        rngFooterRange.Text = "这是页脚" '在页脚中插入文字

        '在页脚中插入页码
        With objFooter.PageNumbers
            .RestartNumberingAtSection = True '开始新节的重新编号
            .StartingNumber = 1 '从 1 开始编号
            .Add PageNumberAlignment:=wdAlignPageNumberRight, FirstPage:
                                        =True    '包含第一页

        End With
    Next objSection
End Sub
```

执行代码，VBA 会在当前打开的 Word 文档中插入页眉、页脚和页码。

7.2.4 使用 Java 统计 Word 文档生成云图

在本节中，我们会使用 Java 和 Apache POI 等库编写一个复杂的案例。这个案例的主要功能是打开一个 Word 文档，读取 Word 文档中的所有文本，对这些文本进行分词，对分词结果进行统计，并生成云图。要实现这个程序的功能，分为如下几个步骤。

（1）打开 Word 文档。

（2）读取 Word 文档中的所有文本。

（3）对读取的文本进行分词。

（4）统计分词结果，并生成云图。

这 4 步其实需要通过如下 3 个 Java 库完成。

- Apache POI：打开并读取 Word 文档中的内容。
- HanLP：进行中文分词。
- kumo：生成词云。

现在先使用下面的文本让 ChatGPT 按这个需求编写代码。

使用 Java 和 Apache POI 编写代码，读取 data.docx 文档，并对文档中的中文分词，然后根据分词结果，绘制文档的云图，保存为 cloud.png 文件。

ChatGPT 会编写如下代码。

代码位置：src/office/Word2Cloud.java

```java
import com.hankcs.hanlp.HanLP;
import com.hankcs.hanlp.seg.common.Term;
import com.kennycason.kumo.CollisionMode;
import com.kennycason.kumo.WordCloud;
import com.kennycason.kumo.WordFrequency;
import com.kennycason.kumo.bg.CircleBackground;
import com.kennycason.kumo.font.scale.SqrtFontScalar;
import com.kennycason.kumo.nlp.FrequencyAnalyzer;
import com.kennycason.kumo.palette.ColorPalette;
import org.apache.poi.xwpf.usermodel.XWPFDocument;
import org.apache.poi.xwpf.usermodel.XWPFParagraph;

import java.awt.*;
import java.io.FileInputStream;
import java.io.IOException;
import java.util.ArrayList;
import java.util.HashMap;
import java.util.List;
import java.util.Map;

public class Word2Cloud {
    private String path;

    public Word2Cloud(String path) {
        this.path = path;
    }

    private String readDocxFile() {
        String text = "";
        try (FileInputStream fis = new FileInputStream(path);
             XWPFDocument document = new XWPFDocument(fis)) {
            List<XWPFParagraph> paragraphs = document.getParagraphs();
            for (XWPFParagraph para : paragraphs) {
                text += para.getText();
            }
        } catch (IOException e) {
            e.printStackTrace();
        }
        return text;
    }
```

```
private List<Term> segment(String text) {
    return HanLP.segment(text);
}

private void createWordCloud(List<WordFrequency> wordList, String outputPath) {
    final FrequencyAnalyzer frequencyAnalyzer = new FrequencyAnalyzer();
    frequencyAnalyzer.setWordFrequenciesToReturn(600);
    frequencyAnalyzer.setMinWordLength(2);

    final Dimension dimension = new Dimension(500, 312);
    final WordCloud wordCloud = new WordCloud(dimension, CollisionMode.
                                        PIXEL_PERFECT);
    wordCloud.setPadding(2);
    wordCloud.setBackground(new CircleBackground(255));
    wordCloud.setColorPalette(new ColorPalette(new Color(0xD5CFFA), new Color
    (0xBBB1FA), new Color(0x9A8CF5), new Color(0x806EF5)));
    wordCloud.setFontScalar(new SqrtFontScalar(10, 40));
    try {
        wordCloud.build(wordList);
        wordCloud.writeToFile(outputPath);
    } catch (Exception e) {
        e.printStackTrace();
    }
}

public void generate() {
    String text = readDocxFile();
    List<Term> wordList = segment(text);
    // 统计词频
    Map<String, Integer> frequencyMap = new HashMap<>();
    for (Term term : wordList) {
        String word = term.word;
        frequencyMap.put(word, frequencyMap.getOrDefault(word, 0) + 1);
    }
    // 转换为 Kumo 的 WordFrequency 列表
    List<WordFrequency> wordFrequencyList = new ArrayList<>();
    for (Map.Entry<String, Integer> entry : frequencyMap.entrySet()) {
        String word = entry.getKey();
        int frequency = entry.getValue();
        WordFrequency wordFrequency = new WordFrequency(word, frequency);
        wordFrequencyList.add(wordFrequency);
    }
```

```
        createWordCloud(wordFrequencyList, "cloud.png");
    }

    public static void main(String[] args) {
        new Word2Cloud("data.docx").generate();
    }
}
```

这段代码需要一些 Java 库，推荐使用 Maven 管理依赖。在 pom.xml 文件中添加如下依赖，就可以自动下载相关的 Java 库。

```xml
<dependencies>
    <dependency>
        <groupId>org.apache.poi</groupId>
        <artifactId>poi-ooxml</artifactId>
        <version>5.1.0</version> <!-- 使用最新版本，截至2021 年 9 月为 5.1.0 -->
    </dependency>
    <dependency>
        <groupId>com.hankcs</groupId>
        <artifactId>hanlp</artifactId>
        <version>portable-1.7.8</version>
    </dependency>
    <dependency>
        <groupId>com.kennycason</groupId>
        <artifactId>kumo-core</artifactId>
        <version>1.28</version>
    </dependency>
    <dependency>
        <groupId>org.apache.logging.log4j</groupId>
        <artifactId>log4j-core</artifactId>
        <version>2.14.1</version>
    </dependency>
    <dependency>
        <groupId>org.apache.logging.log4j</groupId>
        <artifactId>log4j-slf4j-impl</artifactId>
        <version>2.14.1</version>
    </dependency>

    <dependency>
        <groupId>org.slf4j</groupId>
        <artifactId>slf4j-api</artifactId>
        <version>1.7.32</version>
    </dependency>
</dependencies>
```

在运行程序之前，要把程序保存在 data.docx 文件中。运行程序，会在当前目录中生成一个 cloud.png 文件，云图的效果如图 7-15 所示。

如果觉得这个云图的效果不好，可以使用 GitHub Copilot 微调这段程序。

首先，找到如下代码。

```
wordCloud.setFontScalar(new SqrtFontScalar(10, 40));
```

在这行代码下面，输入如下注释。

```
// 重新设置云图的调色板，颜色要鲜艳
```

不断按 Enter 键和 Tab 键，GitHub Copilot 会生成如下代码。

```
wordCloud.setColorPalette(new ColorPalette(new Color(0xFF0000), new Color(0x00FF00),
new Color(0x0000FF), new Color(0xFFFF00)));
```

如果想将字号调大，可以修改 SqrtFontScalar()中的 10 和 40。其中，10 是最小字号，40
是最大字号，可以将 40 调整为 100。

现在运行程序，会得到图 7-16 所示的云图。

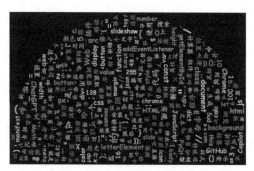

图 7-15　云图的效果

图 7-16　改进后的云图

7.3 读写 PowerPoint 文档

本节主要介绍如何使用 ChatGPT 和 GitHub Copilot 生成读写 PowerPoint 文档的代码，涉
及的编程语言有 Python、JavaScript、VBA 和 Java。

7.3.1　使用 Python 创建、保存 PowerPoint 文档和添加幻灯片

在本节中，我们会利用 ChatGPT 自动生成用于创建和保存 PowerPoint 文档的 Python 代码，
其中要使用 python-pptx 模块。使用下面的命令安装 python-pptx 模块。

```
pip install python-pptx
```

现在向 ChatGPT 提供如下内容。

使用 Python 和 python-pptx 编写代码，将工作目录设置为 Python 脚本所在的目录，创建新的 PowerPoint 文
档，并将文档保存为 data.pptx。给出详细的实现代码和中文注释。

ChatGPT 会生成如下代码。

代码位置： src/office/new_ppt.py

```python
# 导入必要的模块
import os
import pptx
# 获取 Python 脚本所在的路径
script_path = os.path.dirname(os.path.realpath(__file__))
# 将工作目录设置为 Python 脚本所在的目录
os.chdir(script_path)

# 创建新的 PowerPoint 文档
presentation = pptx.Presentation()

# 添加一张新的幻灯片
slide = presentation.slides.add_slide(presentation.slide_layouts[0])

# 保存文档
presentation.save('data.pptx')
```

这段程序本身没有任何问题，但运行后，会抛出如下异常。

```python
import collections
import collections.abc
```

如果使用 Python 3.10 或以上版本，还需要导入 collections 和 collections.abc 模块；否则，会抛出异常。

```
...
  from pptx.compat import is_string, Mapping
  File "/Library/Frameworks/Python.framework/Versions/3.10/lib/python3.10/site-
  packages/pptx/compat/__init__.py", line 14, in <module>
    Container = collections.Container
AttributeError: module 'collections' has no attribute 'Container'
```

前面还有很多异常信息，这里省略了。

出现这个异常的原因是 python-pptx 模块本身的问题，目前 python-pptx 模块没有升级，无法通过 python-pptx 模块本身解决这个问题。在 Python 3.9 及以前版本中，没有这个问题。在 Python 3.10 及以后版本中，需要在代码中导入 collections 和 collections.abc 模块，如下所示。

```python
import collections
import collections.abc
```

现在运行程序，会在当前目录中生成一个 data.pptx 文件。

现在使用 GitHub Copilot 继续完善程序。下一步要在幻灯片上添加一个标题和一个副标题，于是找到如下代码。

```python
slide = presentation.slides.add_slide(presentation.slide_layouts[0])
```

找到这行代码后，在下面输入如下注释。

```python
# 向幻灯片添加一个标题和一个副标题
```

不断按 Enter 键和 Tab 键，GitHub Copilot 会生成如下代码。

```
slide.shapes.title.text = 'Hello, World!'
slide.placeholders[1].text = 'python-pptx was here!'
```

重新运行程序，然后打开 data.pptx 文件，会看到图 7-17 所示的效果。

图 7-17　插入标题和副标题的幻灯片的效果

7.3.2　使用 VBA 向 PowerPoint 文档中添加表格

在本节中，我们会使用 ChatGPT 自动编写 PowerPoint VBA 代码，用于在幻灯片中插入一个表格。

在 ChatGPT 中输入下面的文字。

使用 PowerPoint 和 VBA 编写代码，创建一个新的 .pptx 文档，并添加一张幻灯片。在幻灯片中插入表格，字段名是 id、name、sex、salary，数据随机生成。最后将文档保存为 table.pptx。给出完整的代码和中文注释。

ChatGPT 会编写如下 VBA 代码。

代码位置：src/office/CreatePPTXWithTable.vb

```
Sub CreatePPTXWithTable()
    ' 定义 Powerpoint 对象
    Dim pptApp As Object
    Dim pptPres As Object
    Dim pptSlide As Object
    Dim pptTable As Object

    ' 定义 Excel 对象以生成随机数据
    Dim excelApp As Object
    Dim excelWb As Object
    Dim excelWs As Object

    ' 创建一个新的 PowerPoint 应用实例
    Set pptApp = CreateObject("Powerpoint.Application")
    pptApp.Visible = True
```

```
' 在 PowerPoint 应用实例中创建一个新的演示文稿
Set pptPres = pptApp.Presentations.Add

' 在新的演示文稿中添加一张幻灯片
Set pptSlide = pptPres.Slides.Add(Index:=1, Layout:=12)

' 在新的幻灯片中添加一个表格，这个表格有 5 行、4 列
Set pptTable = pptSlide.Shapes.AddTable(NumRows:=5, NumColumns:=4,
            Left:=50, Top:=50, Width:=400, Height:=300).Table

' 定义字段名
pptTable.Cell(1, 1).Shape.TextFrame.TextRange.Text = "id"
pptTable.Cell(1, 2).Shape.TextFrame.TextRange.Text = "name"
pptTable.Cell(1, 3).Shape.TextFrame.TextRange.Text = "sex"
pptTable.Cell(1, 4).Shape.TextFrame.TextRange.Text = "salary"

' 创建一个新的 Excel 应用实例来生成随机数据
Set excelApp = CreateObject("Excel.Application")
Set excelWb = excelApp.Workbooks.Add
Set excelWs = excelWb.Worksheets(1)

' 生成随机数据并填入 PowerPoint 文档中的表格
For i = 2 To 5
    pptTable.Cell(i, 1).Shape.TextFrame.TextRange.Text = excelWs.Evaluate
                ("RANDBETWEEN(1, 1000)") ' ID
    pptTable.Cell(i, 2).Shape.TextFrame.TextRange.Text = "Name " & i ' Name
    pptTable.Cell(i, 3).Shape.TextFrame.TextRange.Text = IIf(excelWs.Evaluate
                ("RANDBETWEEN(1, 2)") = 1, "M", "F") ' Sex
    pptTable.Cell(i, 4).Shape.TextFrame.TextRange.Text = excelWs.Evaluate
                ("RANDBETWEEN(3000, 7000)") ' Salary
Next i

' 关闭 Excel 应用实例
excelWb.Close SaveChanges:=False
excelApp.Quit
Set excelWs = Nothing
Set excelWb = Nothing
Set excelApp = Nothing

' 保存并关闭 PowerPoint 文档
pptPres.SaveAs "table.pptx"
pptPres.Close
pptApp.Quit

' 释放对象
Set pptTable = Nothing
```

```
        Set pptSlide = Nothing
        Set pptPres = Nothing
        Set pptApp = Nothing
End Sub
```

执行代码，打开 table.pptx 文件，会看到图 7-18 所示的效果。

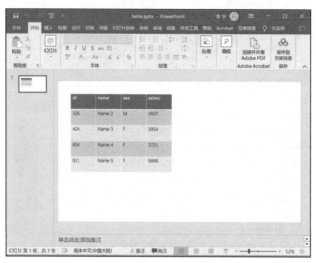

图 7-18　用 VBA 在幻灯片中插入表格的效果

7.3.3　使用 Java 批量向 PowerPoint 文档中插入图片

在本节中，使用 ChatGPT 自动编写向 PowerPoint 文档中批量插入图像的代码，这还需要使用 Java 和 Apache POI 库。每一幅图像占用一张幻灯片。

向 ChatGPT 提供如下文本。

使用 Java 和 Apache POI 库，从 images 目录中读取所有 png 图像，批量插入 PowerPoint 文档中，每一幅图像占用一张幻灯片，尽可能充满整张幻灯片，但不要拉伸图像。将所有的代码都放在 InsertImages 类中。基于 Java 16 或以上版本实现。给出完整的实现代码和中文注释。

ChatGPT 会编写如下代码。

代码位置：src/office/InsertImages.java

```
import org.apache.poi.sl.usermodel.PictureData;
import org.apache.poi.util.Units;
import org.apache.poi.xslf.usermodel.*;

import javax.imageio.ImageIO;
import java.awt.*;
import java.awt.geom.Rectangle2D;
import java.awt.image.BufferedImage;
import java.io.*;
import java.nio.file.*;
```

```java
import java.util.List;
import java.util.stream.Collectors;

public class InsertImages {
    public static void main(String[] args) throws Exception {
        // 创建一个空白的 ppt 对象
        XMLSlideShow ppt = new XMLSlideShow();

        // 定义幻灯片的尺寸
        Dimension pgsize = ppt.getPageSize();

        // 从 images 目录获取所有的 png 图像
        List<Path> paths = Files.walk(Paths.get("images"))
                .filter(Files::isRegularFile)
                .filter(path -> path.toString().endsWith(".png"))
                .collect(Collectors.toList());

        // 遍历所有 png 图像
        for (Path path : paths) {
            // 读取一幅图像
            byte[] pictureBytes = Files.readAllBytes(path);
            // 将图像添加到 ppt 中
            XSLFPictureData pd = ppt.addPicture(pictureBytes,
                                 PictureData.PictureType.PNG);
            // 创建一张新的幻灯片
            XSLFSlide slide = ppt.createSlide();

            // 创建一个图片形状并添加到幻灯片中
            XSLFPictureShape pic = slide.createPicture(pd);

            // 获取图片的尺寸
            BufferedImage img = ImageIO.read(new ByteArrayInputStream(pictureBytes));
            int imgWidth = img.getWidth();
            int imgHeight = img.getHeight();
            // 计算适应幻灯片的图片尺寸，保持图片的原始纵横比
            int slideWidth = pgsize.width;
            int slideHeight = pgsize.height;
            double scaleX = (double) slideWidth / imgWidth;
            double scaleY = (double) slideHeight / imgHeight;
            double scale = Math.min(scaleX, scaleY); // 取较小的值作为缩放比例，以避免拉伸图片
            double scaledWidth = imgWidth * scale;
            double scaledHeight = imgHeight * scale;

            // 使图片居中
            double left = (slideWidth - scaledWidth) / 2;
            double top = (slideHeight - scaledHeight) / 2;
```

```
        // 设置图片在幻灯片中的位置和尺寸
        pic.setAnchor(new Rectangle2D.Double(left, top, scaledWidth, scaledHeight));
    }

    // 将 ppt 保存为一个文件
    try (FileOutputStream out = new FileOutputStream("output.pptx")) {
        ppt.write(out);
    }
  }
}
```

运行这段代码之前，要确保存在 images 目录，并且 images 目录中至少有一张 png 图像。
运行程序后，打开 output.pptx 文件，会看到图 7-19 所示的效果。

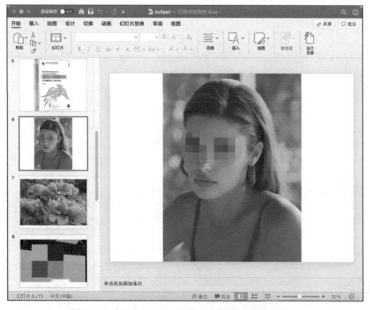

图 7-19　向 PowerPoint 文档中批量插入图片的效果

7.3.4　使用 JavaScript 批量向 PowerPoint 文档中插入图片

在本节中，我们会利用 ChatGPT 将前面用 Java 编写的批量向 PowerPoint 文档中插入图片的
代码直接转换为 JavaScript 代码，这里要使用 PptxGenJS 模块。使用如下命令安装 PptxGenJS 模块。

```
npm install pptxgenjs --save
```

向 ChatGPT 提供如下文本。

下面是用 Java 实现的向 PowerPoint 文档中批量插入图片的代码，将这些代码转换为 Javascript 代码，使用
PptxGenJS（3.5.0 或以上版本）模块实现，在 Node.js 中运行。

ChatGPT 会编写如下代码。

代码位置：src/office/insert_images.js

```javascript
const fs = require('fs');
const path = require('path');
const sizeOf = require('image-size'); // 需要先使用 npm install image-size 安装这个库
const pptxgen = require('pptxgenjs');

// 创建一个新的 PPTX 文件
let pptx = new pptxgen();

// 从 images 目录获取所有的 png 图像
const imageDir = path.join(__dirname, 'images');
fs.readdir(imageDir, function(err, files) {
  if (err) {
    console.log('Error reading directory: ' + err);
    return;
  }

  files.forEach(function(file) {
    if (path.extname(file) === '.png') {
      // 创建一张新的幻灯片
      let slide = pptx.addSlide();

      // 获取图像的尺寸
      let imagePath = path.join(imageDir, file);
      let dimensions = sizeOf(imagePath);

      // 计算适应幻灯片的图片尺寸，保持图片的原始纵横比
      let slideWidth = pptx.layout == 'LAYOUT_WIDESCREEN' ? 10 : 7.5;
      let slideHeight = pptx.layout == 'LAYOUT_WIDESCREEN' ? 5.625 : 5.625;
      let scaleX = slideWidth / dimensions.width;
      let scaleY = slideHeight / dimensions.height;
      let scale = Math.min(scaleX, scaleY); // 取较小的一个比例作为缩放比例，以避免拉伸图片
      let imgWidth = dimensions.width * scale;
      let imgHeight = dimensions.height * scale;
      // 使图片居中
      let left = (slideWidth - imgWidth) / 2;
      let top = (slideHeight - imgHeight) / 2;

      // 添加图片
      slide.addImage({
        path: imagePath,
        x: left,
        y: top,
        w: imgWidth,
        h: imgHeight
      });
    }
  });
});
```

```
// 保存 PPTX 文件
pptx.writeFile({fileName: path.join(__dirname, 'output.pptx')}).then(() => {
  console.log('PPTX file created!');
  });
});
```

在这段代码中，使用 image-size 模块处理图像尺寸。运行程序之前，要使用下面的命令安装这个模块。

```
pip install image-size --save
```

运行程序后，会看到当前目录多了一个 output.pptx 文件。打开该文件，会看到图 7-20 所示的效果。

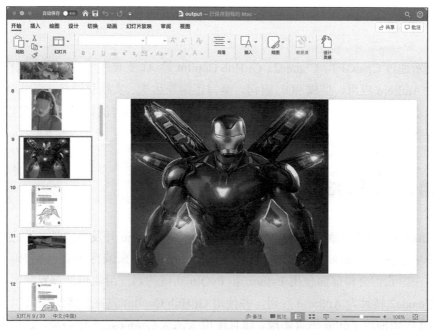

图 7-20　向 PowerPoint 文档中批量插入图像的效果

7.4　小结

通过对本章的学习，相信广大读者已经可以轻松利用 ChatGPT、GitHub Copilot 应对日常的办公自动化需求。本章只给出了利用这些 AI 工具生成各种读写 Office 文档的基础代码，读者可以利用这些方法，生成更复杂的代码。如果要实现的功能过于复杂，可以分步让 ChatGPT 编写。当然，ChatGPT、GitHub Copilot 等 AI 工具支持的不仅仅是 Python、JavaScript、VBA 和 Java，像 Go、Rust、C++都可以读写 Office 文档，如果读者有兴趣，可以尝试用这些编程语言完成与办公自动化相关的任务。

第 8 章　自动化编程实战：其他类型程序

本章展示通过 ChatGPT、Claude2、GitHub Copilot 等 AI 工具还能做哪些与编程有关的事，例如，开发 Android 应用、生成 SQL 语句、编写正则表达式、实现算法等。其实 AI 工具能做的远远不止这些，理论上，AI 工具可以编写任何已公开编程语言的代码，读者可以将 AI 工具应用到各行各业。

8.1　通过 Android 版滑块设置背景色

因为 ChatGPT 的数据截至 2021 年 9 月，而最新的 Android 开发模式是在这之后才有的，所以在本节中会使用 Claude2（Claude2 的数据截至 2023 年）来编写 Android 代码。

在本节中，我们会将前面使用 Python 和 PyQt6 实现的通过滑块组件设置文本框背景色的应用通过 Claude2 转换为 Android 应用，并使用 GitHub Copilot 完善生成的代码。

Android 应用使用 Kotlin 语言实现，而且使用 Jepack Compose 实现布局，这样布局代码和逻辑代码都可以在同一个文件中，可以一次性生成。

下面是提交给 Claude2 的文本。

```
下面的代码是使用 Python 和 PyQt6 实现的用滑块组件设置文本输入框背景色的程序,将这段程序转换为用 Kotlin
实现的 Android 应用，布局使用最新的 Jetpack Compose 实现，代码逻辑用 Kotlin 实现，包名是
com.example.colorslider，类名是 MainActivity。生成的代码要求包含 package 和 import 部分。给出完
整的实现代码和中文注释。
import sys
from PyQt6.QtWidgets import QApplication, QWidget, QVBoxLayout, QLabel,
            QSlider, QTextEdit
from PyQt6.QtCore import Qt
...
# 这里应该是完整的代码
```

向 Claude2 提交完上述文本后，如果代码过多，Claude2 会将代码部分单独提取到一个文

本文件，并上传，其余保留，如图 8-1 所示。

图 8-1　向 Claude2 提交文本

Claude2 会编写如下代码。

代码位置：src/others/ColorSlider/app/src/main/java/com/example/colorslider/MainActivity.kt

```kotlin
package com.example.colorslider

import android.os.Bundle
import androidx.activity.ComponentActivity
import androidx.activity.compose.setContent
import androidx.compose.foundation.background
import androidx.compose.foundation.layout.*
import androidx.compose.material.*
import androidx.compose.material.Slider
import androidx.compose.material.Text
import androidx.compose.runtime.*
import androidx.compose.ui.Alignment
import androidx.compose.ui.Modifier
import androidx.compose.ui.graphics.Color
import androidx.compose.ui.text.style.TextAlign
import androidx.compose.ui.unit.dp

class MainActivity : ComponentActivity() {
    override fun onCreate(savedInstanceState: Bundle?) {
        super.onCreate(savedInstanceState)
        setContent {
            ColorSliderApp()
        }
    }
}

@Composable
fun ColorSliderApp() {

    // 状态变量存储背景色
    var backgroundColor by remember { mutableStateOf(Color.White) }

    Column(
```

```
                modifier = Modifier.fillMaxSize(),
                verticalArrangement = Arrangement.Center,
                horizontalAlignment = Alignment.CenterHorizontally
        ) {

            // 文本输入框
            Text(
                    text = "背景色预览",
                    modifier = Modifier
                        .fillMaxWidth()
                        .height(100.dp)
                        .background(backgroundColor)
                        .padding(16.dp)
            )

            // 红色滑块
            var red by remember { mutableStateOf(0f) }
            // 设置 Text 的 margin 为 16.dp

            Slider(
                value = red,
                onValueChange = { red = it },
                modifier = Modifier.padding(start = 16.dp, end = 16.dp),

                colors = SliderDefaults.colors(
                    thumbColor = Color.Red
                )
            )
            Text(text = "红色值: ${(red * 255).toInt()}")

            // 绿色滑块
            var green by remember { mutableStateOf(0f) }

            Slider(
                value = green,
                onValueChange = { green = it },
                modifier = Modifier.padding(start = 16.dp, end = 16.dp),
                colors = SliderDefaults.colors(
                    thumbColor = Color.Green
                )
            )
            Text(text = "绿色值: ${(green * 255).toInt()}")

            // 蓝色滑块
```

```
        var blue by remember { mutableStateOf(0f) }

        Slider(
            value = blue,
            onValueChange = { blue = it },
            modifier = Modifier.padding(start = 16.dp, end = 16.dp),
            colors = SliderDefaults.colors(
                thumbColor = Color.Blue
            )
        )
        Text(text = "蓝色值: ${(blue * 255).toInt()}")

        // 根据 RGB 值更新背景色
        LaunchedEffect(red, green, blue) {
            val r = (red * 255).toInt()
            val g = (green * 255).toInt()
            val b = (blue * 255).toInt()
            backgroundColor = Color(r, g, b)
        }
    }
}
```

通常，若提交上述文本，Claude2 就会生成基本正确的代码。如果代码有问题，可能出在 import 部分，直接询问 Claude2 即可。

不过即使上述代码是正确的，也不能运行，因为需要在模块的 build.gradle 文件中添加如下依赖。

```
implementation 'androidx.compose.material:material:1.0.1'
```

添加完依赖后，需要同步才可以下载相关的依赖文件。

现在运行 Android 应用，会在手机上显示图 8-2 所示的效果。

用 Claude2 生成的代码基本上满足我们的要求，但仍然有一些与用 Python 和 PyQt6 实现的程序有一些差异，例如，展示颜色用的不是文本输入框，而是文本框（不能输入文字），还有展示红、绿、蓝的文字没有左对齐。

现在，使用 GitHub Copilot 来完善这段程序。

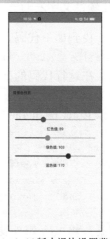

图 8-2　为 Android 版本滑块设置背景色的效果

1. 将展示颜色的组件换成文本输入框

找到如下代码。

```
Text(
    text = "背景色预览",
```

```
    modifier = Modifier
        .fillMaxWidth()
        .height(100.dp)
        .background(backgroundColor)
        .padding(16.dp)
)
```

在这行代码下面，输入如下注释。

```
// 将 Text 替换为 TextField
```

不断按 Enter 键和 Tab 键，GitHub Copilot 会生成定义 TextField 组件的代码，不过 TextField 组件仍然无法编辑，原因是必须将一个变量与 onValueChange 绑定。在生成的代码后面，再输入如下注释。

```
// 为 TextField 添加一个状态变量
```

不断按 Enter 键和 Tab 键，GitHub Copilot 就会生成更完善的 TextField 组件，其中 text 就是状态变量。

```
var text by remember { mutableStateOf("背景色预览") }
TextField(
    value = text,
    onValueChange = { text = it },
    modifier = Modifier
        .fillMaxWidth()
        .height(100.dp)
        .background(backgroundColor)
        .padding(16.dp)
)
```

2. 让颜色文字左对齐

首先，找到如下代码。

```
Text(text = "红色值: ${(red * 255).toInt()}")
```

然后，在这行代码的下面，输入如下注释。

```
// 让 Text 的文字左对齐
```

不断按 Enter 键和 Tab 键，GitHub Copilot 就会生成如下代码。

```
Text(
    text = "红色值: ${(red * 255).toInt()}",
    textAlign = TextAlign.Start,
    modifier = Modifier.fillMaxWidth()
        .padding(start = 16.dp) // 在开始方向添加16dp内边距
)
```

接下来，将 Text 组件移到 Slider 组件的前面。

对绿色和蓝色的 Text 组件也按相同的方式处理。

现在运行程序，就会看到图 8-3 所示的改进后的效果。

图 8-3　改进后的效果

8.2　创建数据库并编写 SQL 语句

在本节中，我们会使用 ChatGPT 自动编写用于操作 SQLite 数据库的 SQL 语句，并使用 Python 调用这些 SQL 语句。

向 ChatGPT 提供如下文本。

> 用 Python 编写代码，将工作目录设置为 Python 脚本所在的目录。创建一个 SQLite 数据库，名称为 persons.db，通过 SQL 在 persons.db 中创建一个 persons 表。字段是 id、name、age、country。id 是主键。再通过 SQL 随机插入一些数据。然后通过 SQL 创建一个 v_persons 的视图，只搜索 age >= 18 岁的人。用 Python 编写一个 f_sum 函数，用于通过 v_persons 视图统计所有大于 18 岁的人数。编写详细的实现代码，并给出中文注释。

ChatGPT 会编写如下代码。

代码位置：src/others/db.py

```python
# 引入所需库
import sqlite3
import os
import random


# 将工作目录设置为脚本所在的目录
os.chdir(os.path.dirname(os.path.abspath(__file__)))


# 连接 SQLite 数据库，如果不存在，则会创建
conn = sqlite3.connect('persons.db')
c = conn.cursor()
# 创建 persons 表，字段包括 id、name、age、country，其中 id 为主键
c.execute('''
    CREATE TABLE persons (
        id INTEGER PRIMARY KEY,
        name TEXT,
        age INTEGER,
        country TEXT
    );
''')


# 将随机数据插入 persons 表中
names = ['Tom', 'Jerry', 'Spike', 'Tyke', 'Butch']
countries = ['China', 'USA', 'UK', 'Japan', 'Germany']
for i in range(10):  # 假设我们插入 10 条随机数据
    c.execute(f'''
        INSERT INTO persons (name, age, country) VALUES (
            '{random.choice(names)}',
            {random.randint(10, 60)},
            '{random.choice(countries)}'
```

221

```
            );
    ''')

# 提交事务，使上述改变生效
conn.commit()

# 创建视图 v_persons，只包含 age >= 18 的人
c.execute('''
    CREATE VIEW v_persons AS
    SELECT * FROM persons
    WHERE age >= 18;
''')

# 定义一个 Python 函数来统计 v_persons 中的记录数
def f_sum():
    c.execute('SELECT COUNT(*) FROM v_persons;')
    return c.fetchone()[0]

# 调用 f_sum 函数，并输出结果
print(f_sum())

# 关闭数据库连接
conn.close()
```

执行这段代码，会输出大于或者等于 18 岁的人的数量。因为数据是随机插入的，所以每次运行以后输出的结果是不同的。

8.3 编写正则表达式

写正则表达式一直是一件头疼的事，尤其是写很复杂的正则表达式。不过有了 ChatGPT，这种烦恼一下子消失了。不管写什么正则表达式，只要告诉 ChatGPT，它就会给我们满意的答案。

下面的文本可以让 ChatGPT 编写一些常用和自定义的正则表达式，并给出测试用例。

用 JavaScript 编写代码，通过各种正则表达式校验字符串，这些正则表达式包括：
1. Email
2. 手机号
3. 密码
4. 中文字符
5. 以 3*3 开头、包含 xyz 并且结尾是 4*5 的字符串
并给出这些正则表达式的测试代码。

ChatGPT 会编写如下代码。

代码位置：src/others/re.js

```
// 1. 邮箱
const regEmail = /^\w+@\w+\.\w+$/;
```

```
console.log(regEmail.test('test@example.com'));

// 2. 手机号
const regPhone = /^1[3-9]\d{9}$/;
console.log(regPhone.test('13800000000'));

// 3. 密码
const regPasswd = /^(?=.*\d)(?=.*[a-zA-Z]).{8,}$/;
console.log(regPasswd.test('123456asdfZ'));

// 4. 中文
const regChinese = /^[\u4e00-\u9fa5]+$/;
console.log(regChinese.test('测试'));

// 5. 自定义规则
const regCustom = /^3\*3.*xyz.*4\*5$/;
console.log(regCustom.test('3*3xyz1231231231231234*5'));
```

执行代码，所有的测试用例都输出 true，读者也可以使用不满足正则表达式的字符串进行测试。

8.4 实现算法

如果读者想学习算法或者在工作中需要使用某些算法，可以找 ChatGPT 帮忙，例如，通过下面的文本，让 ChatGPT 实现堆排序算法，并给出测试用例。

用 Java 实现堆排序算法，并给出测试用例。

ChatGPT 会编写如下代码。

代码位置：src/others/HeapSort.java

```java
import java.util.Arrays;

public class HeapSort {

  public static void heapSort(int[] arr) {
    int n = arr.length;

    // 构建大顶堆
    for (int i = n / 2 - 1; i >= 0; i--) {
      heapify(arr, n, i);
    }

    // 每次取出当前堆的根节点(最大值)，与末尾元素交换后继续调整堆
    for (int i = n - 1; i > 0; i--) {
      swap(arr, 0, i);
      heapify(arr, i, 0);
```

```
    }
  }

  public static void heapify(int[] arr, int n, int i) {
    int largest = i;
    int left = 2 * i + 1;
    int right = 2 * i + 2;

    if (left < n && arr[left] > arr[largest]) {
      largest = left;
    }

    if (right < n && arr[right] > arr[largest]) {
      largest = right;
    }

    if (largest != i) {
      swap(arr, i, largest);
      heapify(arr, n, largest);
    }
  }

  public static void swap(int[] arr, int i, int j) {
    int temp = arr[i];
    arr[i] = arr[j];
    arr[j] = temp;
  }

  public static void main(String[] args) {
    int[] arr = {4, 10, 3, 5, 1};
    heapSort(arr);
    System.out.println(Arrays.toString(arr)); // [1, 3, 4, 5, 10]
  }
}
```

执行代码，会输出如下内容。

```
[1, 3, 4, 5, 10]
```

8.5　小结

　　本章只介绍了如何使用 ChatGPT 等 AI 工具编写几个类型的应用，这只是抛砖引玉，读者可以充分发挥自己的想象力，不断尝试 ChatGPT 的新功能。

第 9 章　AIGC 深度探索

本章会对 AIGC（ChatGPT 和 Claude2）的一些高级功能进行探讨。这些高级功能包括 ChatGPT Plus 插件、ChatGPT 代码解析器和 Claude2 数据分析。通过这些高级功能，我们可以更高效地利用这些 AIGC 工具完成各种工作。

9.1　ChatGPT Plus 插件

本节会介绍 ChatGPT Plus 中与开发有关的一些插件，这些插件包括 Code Library Search、在线运行代码的插件和 Wolfram。关于插件的开启、安装和使用，1.8.1 节已经介绍过，这里不再重复介绍。

9.1.1　Code Library Search

Code Library Search 是一个非常强大和实用的 ChatGPT Plus 插件，它可以帮助你快速学习和掌握 Python 编程，进行数据分析和可视化，以及在不同格式之间转换文件。Code Library Search 支持的 Python 库包括 Numpy、Pandas、Matplotlib、PIL、SciPy、scikit-learn、requests、os、sys、re、math、random 等。

如果你想要使用 Code Library Search，需要先安装这个 ChatGPT Plus 插件，然后输入要查询的内容，示例如下。

> 我想在 Pandas 库中搜索如何创建一个 DataFrame

接下来，ChatGPT Plus 就会调用这个插件搜索 Pandas 库，如图 9-1 所示。

图 9-1　使用 Code Library Search 搜索 Pandas 库

9.1.2　3 种在线运行代码的插件

ChatGPT 本身只能编写代码，并不能运行代码。但依靠第三方插件，可以实现在线运行代码的功能。本节会介绍 3 种可以在线运行代码的插件——Code Runner、CodeCast Wandbox 和 CoderPad。

其中，Code Runner 和 CodeCast Wandbox 的功能差不多，都可以运行代码，而且都支持几十种编程语言，只是代码都会运行在沙盒中，一些危险的 API 将被禁用。CoderPad 并不会直接在 ChatGPT 上显示运行结果，而会将用户引到一个在线编辑和运行代码的页面，并将从 ChatGPT 输入的代码传输过来，用户可以直接在这个页面中编辑和运行代码。

下面分别对这 3 种插件做一个展示。

1. Code Runner 插件

激活 Code Runner 插件后，在 ChatGPT 中输入如下文字。

```
运行下面的代码
function factorial(n) {
    if (n === 1) return 1;
    return n * factorial(n - 1);
}
console.log(factorial(5)); // 120
```

按 Enter 键后，ChatGPT 就会调用 Code Runner 插件，并在输出结果部分显示运行结果，如图 9-2 所示。

图 9-2　Code Runner 插件展示的运行结果

2. CodeCast Wandbox 插件

激活 CodeCast Wandbox 插件后，在 ChatGPT 中输入如下文字。

```
运行下面的代码
function factorial(n) {
    if (n === 1) return 1;
    return n * factorial(n - 1);
}
console.log(factorial(5)); // 120
```

按 Enter 键后，ChatGPT 就会调用 CodeCast Wandbox 插件，并在输出结果部分显示运行结果，如图 9-3 所示。

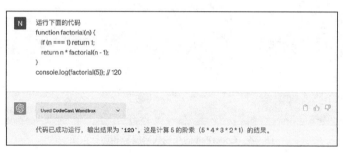

图 9-3 CodeCast Wandbox 插件展示的运行结果

3. CoderPad 插件

激活 CoderPad 插件后，在 ChatGPT 中输入如下文字。

```
运行下面的代码
function factorial(n) {
    if (n === 1) return 1;
    return n * factorial(n - 1);
}
console.log(factorial(5)); // 120
```

按 Enter 键后，ChatGPT 就会调用 CoderPad 插件，但并未在输出结果部分显示运行结果，而给出了一个链接，如图 9-4 所示。

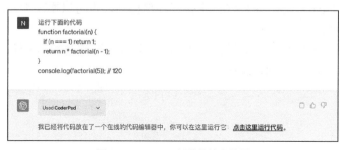

图 9-4 CoderPad 插件的输出结果

　　单击链接后，会进入图 9-5 所示的页面，我们会看到，刚才输入的代码被传入了这个页面，单击左上角的 Run 按钮，就可以运行代码，并在右侧显示运行结果。

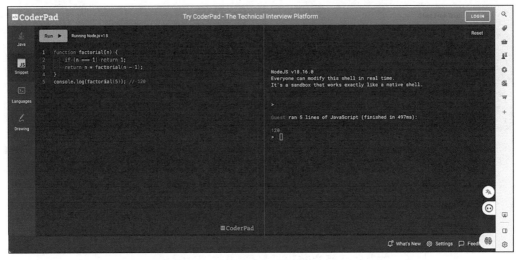

图 9-5　CoderPad 的在线代码编辑和运行页面

9.1.3　Wolfram

　　Wolfram 是一款功能非常强大的软件，可以做很多复杂的工作，例如，数学计算就是其最擅长的工作之一。Wolfram 也提供了 ChatGPT Plus 插件，可以让用户直接通过 ChatGPT Plus 访问 Wolfram 强大的功能。

　　下面的示例使用 Wolfram 计算一个函数的不定积分。

　　在 ChatGPT 中输入如下文本。

计算 f(x) = x^2 + x ^ 3 + 5x 的不定积分

　　ChatGPT 会调用 Wolfram 插件，并给出图 9-6 所示的回答，最终可以直接展示不定积分公式，并给出不定积分的图像。

　　其实，直接用 GPT-3.5 或 GPT-4.0，不使用任何插件，也可以实现类似的效果，只是需要多输入一些内容，例如：

计算 f(x) = x^2 + x ^ 3 + 5x 的不定积分，用 Tex 公式表示结果，并在网页里解析 Tex 公式

　　ChatGPT 会给出图 9-7 所示的回答。

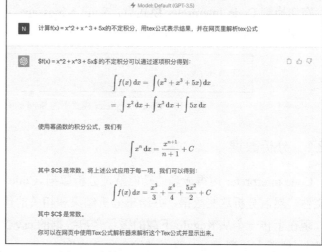

图 9-6 用 Wolfram 插件计算函数的不定积分   图 9-7 直接用 ChatGPT 计算函数的不定积分

9.2 ChatGPT 代码解析器——Code interpreter

Code interpreter 是 OpenAI 在 2023 年 7 月份推出的一个新插件，通过上传文件的方式进行代码解析。用户可以上传 pdf 文件、文本文件、程序代码等，然后通过文字形式告知 Code interpreter 如何分析这些文件。

Code interpreter 默认是关闭的，在 ChatGPT 的 Settings 界面中，切换到 Beta features，然后开启 Code interpreter，如图 9-8 所示。

开启 Code interpreter 后，需要在 GPT-4 菜单中选择 Code Interpreter，这样才能切换到 Code Interpreter 模式（见图 9-9）。

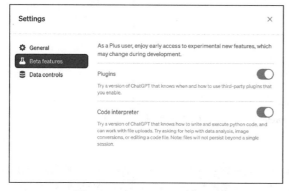

图 9-8 开启 Code interpreter

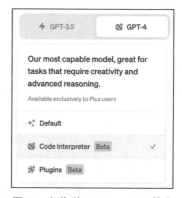

图 9-9 切换到 Code Interpreter 模式

在切换到 Code Interpreter 模式后，Send a message 文本输入框左侧会多了一个的"+"按钮，如图 9-10 所示，"+"按钮用于选择和上传文件。

图 9-10 Code Interpreter 模式下的 Send a message 文本输入框

9.2.1 分析数据

Code interpreter 用得最多的功能就是分析数据。Code interpreter 可用于上传 Excel、.csv、.txt 等文件，然后分析这些数据，并给出分析结果和相关的代码。

现在上传一个从 Kaggle 下载的银行客户数据的.csv 文件（需要解压.zip 文件，直接上传.csv 文件），然后上传到 ChatGPT，并输入如下内容。

根据这个.csv 文件，做一个合适的分析图表

ChatGPT 会分析这个.csv 文件，并给出.csv 文件中的主要信息，如图 9-11 所示。

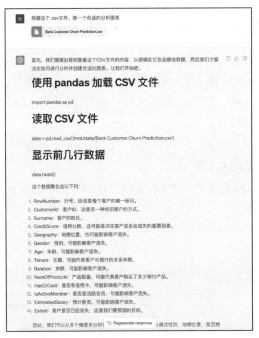

图 9-11 Code interpreter 给出.csv 文件的主要信息

然后，继续输入下面的内容。

按照性别（Gender）、是否有信用卡（HasCrCard）、是否是活跃会员（IsActiveMember）和客户流失情况（Exited）创建柱状图。然后，我们将使用信用分数（CreditScore）创建散点图，其中每个点的颜色将表示客户是否流失。

ChatGPT 会给出如下回复。

首先，开始创建柱状图。

```python
# 使用 Pandas 和 Matplotlib 创建图表
import matplotlib.pyplot as plt

# 定义一个函数来创建图表
def create_charts(data, column):
    # 创建一个新的图表
    fig, ax = plt.subplots(figsize=(15, 6))

    # 创建堆叠柱状图
    data.groupby(['Age Group', 'Geography', column]).size().unstack().plot
            (kind='bar', stacked=True, ax=ax)
    ax.set_title(f'Stacked Bar Chart of {column} by Age Group and Geography')
    ax.set_ylabel('Count')

    # 显示图表
    plt.tight_layout()
    plt.show()

# 选择需要分析的列
columns_to_analyze = ['Gender', 'HasCrCard', 'IsActiveMember', 'Exited']

# 为每个需要分析的列创建图表
for column in columns_to_analyze:
    create_charts(data, column)

# 然后，创建一幅散点图，展示信用分数（CreditScore）和客户流失情况（Exited）
plt.figure(figsize=(10, 6))
for i in data['Exited'].unique():
    plt.scatter(data[data['Exited']==i]['Age'], data[data['Exited']==i]
                ['CreditScore'], label=i)
plt.title('Scatter Plot of Credit Score by Age and Churn Status')
plt.xlabel('Age')
plt.ylabel('Credit Score')
plt.legend(title='Churn Status')
plt.show()
```

这些图表显示了不同年龄段和地理位置下性别、是否有信用卡、是否是活跃会员以及客户流失情况的分布。

堆叠柱状图中，每个柱子的高度表示特定年龄和地理位置的客户数量，而柱子的不同部分则表示不同的类别数量。例如，在 "Gender" 图中，每个柱子的蓝色部分表示男性客户，橙色部分表示女性客户。

在散点图中，每个点的颜色表示客户是否流失，其中 0 表示客户未流失，1 表示客户已流失。此图可以帮助我们理解信用分数和年龄是否可能影响客户的流失情况。

你对这些图表有何疑问，或者需要进一步的分析吗？

我们可以看到，ChatGPT 给出的结果不仅有文字解释，还有实现的代码。用户可以将这些代码复制到运行环境中并执行。

9.2.2 分析代码

Code interpreter 不仅能上传数据文件，还可以上传代码文件，不过要将代码放在文本文件里（扩展名是.txt）。下面的代码实现了一个 Python 版的冒泡排序算法，这段代码保存在 bubble_sort.txt 文件中。

```python
def bubble_sort(list):
    for i in range(len(list)-1):
        for j in range(len(list)-1-i):
            if list[j] > list[j+1]:
                list[j],list[j+1] = list[j+1],list[j]
    return list
```

然后，上传 bubble_sort.txt 文件，并输入下面的内容。

看一看 bubble_sort.txt 文件中的 Python 实现的冒泡排序算法，并优化这个算法

等待文件成功上传，按 Enter 键，会连同文件和问题提交给 ChatGPT，如图 9-12 所示。

图 9-12 让 ChatGPT 分析代码

ChatGPT 会给出如下回复。

让我首先查看一下你提供的 Python 冒泡排序代码，我会读取并显示这个文件的内容。

```python
# 使用 Python 读取文件内容
with open('/mnt/data/bubble_sort.txt', 'r') as file:
    bubble_sort_code = file.read()


bubble_sort_code
```

你提供的 Python 冒泡排序代码如下：

```python
def bubble_sort(array):
    n = len(array)
    for i in range(n):
        for j in range(0, n-i-1):
            if array[j] > array[j+1]:
```

```
            array[j], array[j+1] = array[j+1], array[j]
```

这是一个基本的冒泡排序实现，它会对数组进行排序，直到遍历所有元素。然而，这个实现可以通过添加一个早停条件来进行优化。这个早停条件检查在一次完整的迭代过程中是否发生过交换，如果没有发生交换，那么就意味着数组已经排序完成，我们可以提前结束算法。

下面是带早停条件的冒泡排序代码：

```
def bubble_sort_optimized(array):
    n = len(array)
    for i in range(n):
        swapped = False
        for j in range(0, n-i-1):
            if array[j] > array[j+1]:
                array[j], array[j+1] = array[j+1], array[j]
                swapped = True
        if not swapped:
            break  # Stop iteration if the array is sorted
    return array
```

在这个优化版本中，我们添加了一个 `swapped` 变量来跟踪在一次迭代过程中是否发生过交换。如果在一次迭代过程中没有发生交换，那么 `swapped` 将保持为 `False`，然后我们就会提前结束排序。

这种优化可以在最佳情况下（即输入数组已经排序）将冒泡排序算法的时间复杂度提升到 O(n)。然而，请注意，冒泡排序算法的平均时间复杂度和最坏情况下的时间复杂度仍然是 O(n^2)，对于大型数据，你可能需要考虑使用更高效的排序算法，如快速排序算法、归并排序算法或堆排序算法。

从返回结果来看，ChatGPT 非常完美地优化了冒泡排序算法，而且比直接用 ChatGPT 默认模式分析得更细致。

9.3 Claude2 数据分析

Claude2 同样可以进行数据分析，使用方式与 Code interpreter 类似，只不过 Claude2 是免费的。

9.3.1 分析数据

在 Claude2 的聊天文本框中，上传要分析的数据文件，如.csv 文件，然后输入如下内容。

根据这个.csv 文件，给出合适的数据分析

Claude2 会将数据文件和文本一同提交，如图 9-13 所示。

图 9-13　将数据文件和文本一同提交

Claude2 会回复图 9-14 所示的内容。

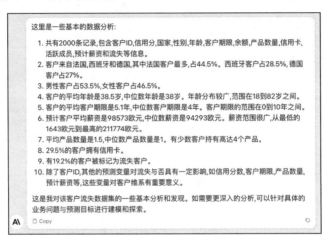

图 9-14　Claude2 回复的内容

继续输入如下内容。

能给出更复杂的数据分析吗?

Claude2 会给出图 9-15 所示更复杂的数据分析。

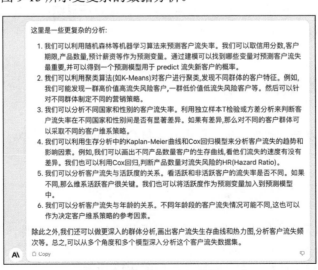

图 9-15　Claude2 给出更复杂的数据分析

9.3.2 分析代码

Claude2 同样可以分析代码，现在将前面上传的 bubble_sort.txt 文件上传到 Claude2，然后输入如下文本。

看一看 bubble_sort.txt 文件中的 python 实现的冒泡排序算法，并优化这个算法

Claude2 会回复如下内容。

这里是对该冒泡排序算法的优化：

添加判断，如果在一轮比较中没有发生交换，则说明序列已经有序，可以直接退出。这可以提高算法效率，避免不必要的迭代。
优化后代码：

```python
def bubble_sort(list):
    exchange = True
    for i in range(len(list)-1):
        if not exchange:
            break
        exchange = False
        for j in range(len(list)-1-i):
            if list[j] > list[j+1]:
                list[j],list[j+1] = list[j+1],list[j]
                exchange = True
    return list
```

设置标志位，记录最后一次交换的位置，然后在下一轮迭代中只需要比较到该位置即可。因为后面的数据显然已经有序了。
优化后代码：

```python
def bubble_sort(list):
    last_exchange_index = len(list)-1
    for i in range(len(list)-1):
        exchange = False
        for j in range(len(list)-1-i,last_exchange_index):
            if list[j] > list[j+1]:
                list[j],list[j+1] = list[j+1],list[j]
                exchange = True
                last_exchange_index = j
        if not exchange:
            break
    return list
```

可以设置两个标志位，分别记录这一轮迭代和前一轮迭代最后发生交换的位置。然后下一轮只需要比较到这两个位置的较小值即可。
以上就是对该冒泡排序算法的几点优化。总的思路就是减少不必要的比较和迭代，优化时间复杂度。除此之外，我们还可以记录交换次数，如果超过某个阈值则终止算法，因为可以认为序列基本有序了。

时间复杂度分析：

```
最好情况:O(n) - 列表初始有序,不需要任何交换
最坏情况:O(n2) - 列表初始反序,需要进行 n * (n-1) / 2 次交换
平均情况:O(n2)

空间复杂度:O(1)

稳定性:稳定排序
```

可以看出,Claude2 给出了两种不同的优化方案,而且后面是时间复杂度和空间复杂度分析。Claude2 在代码分析和优化方面并不比 GPT-4 的 Code interpreter 差,可以作为 Code interpreter 的替换工具。

9.4 小结

尽管 ChatGPT 的很多功能现在仍然是 Beta 版,但其功能基本是可用的。尤其是 ChatGPT 代码解析器,真是数据分析师的好帮手。Claude2 也有类似的功能,但在数据分析方面比 ChatGPT 代码解析器稍微差一些。但大家都认为 Claude2 是 GPT-4 的强劲对手,因为 Anthropic (创造 Claude 的公司)的创始人之一 Dario Amodei 以前在 OpenAI 工作过,曾参与了 DALL-E、GPT-2 等知名项目的研究。2019 年左右,Dario Amodei 离开 OpenAI,随后与 OpenAI 的另一位前研究员 Daniela Amodei 一起创立了 Anthropic。Claude 是一个以安全为先的对话 AI 系统,不会将用户提交的数据作为训练数据,所以 Claude2 可以看作与 GPT-4 同一级别的产品。Claude2 的很多特性超过了 GPT-4 的,而且还是免费的,因此现在很多人更看好 Claude2。另外,Claude2 不久会开放 API,这样它将成为 GPT-4 强有力的竞争对手。